中国人的茶事

戴明华 著

湖南人民出版社

自序

茶中的世相

写这本书的缘起是 2016 年，我从媒体辞职，与两位志同道合的小伙伴廖钒和海啸开启了自媒体"博物馆有得聊"创业之旅。在我们以逛博物馆为工作的日子里，我总是被与茶相关的文物吸引。茶是我个人的喜好，饮茶亦是我日常的生活。被小小一片茶叶居然蕴藏着改变人与世界的能量所吸引，我对它产生了无尽的好奇。有关中国人的茶事的历史，博物馆为我们呈现了最直观的时代记录，而更多线索还是在故纸堆中。去博物馆、看书、去茶山，久而久之，一条有关中国茶事的脉络在我脑中日渐清晰，终到了不吐不快的地步，于是就有了这本书。

茶的生命从春天始，茶树把它所历经的小气候、大环境锁定在小小的叶片中，待老茶客来解锁其品种、树龄、山场、伴生的植被等诸多密码。中国茶事也是如此，如同一颗凝聚时光的露珠，凝结的是时人日常的生活，反映着时代的倒影。小可观照普通人的生活，大则可以改变一个国家的命运。一部中国人的茶事，就是一部中国人的"小"历史。

是的，"小"历史。这本书虽与历史相关，讲述的却不是大历史。无论是与琴棋书画诗酒位列一处的"茶"，还是与柴米油盐酱醋为伍的"茶"，它所承载的都不可能是大历史。虽然中国人的茶事里并不乏大人物，茶与历朝国事都息息相关，茶也曾掀起时代的风浪，但我们在历代茶事中看到更多的是活生生的小人物：种植茶树的茶农、制茶的茶工、写茶书的文人……就算是那些被写进史书的所谓大人物，我们关心的也是他们端起茶杯的日常。这些人或许社会角色各异、人生境遇不同，也许饮茶的方式也不尽相同，但无一例外都是时代潮流中的一滴水珠。所以，严格来讲，这本书写的并不仅仅是茶事，还有因茶所见的世相，类似我们今天饮茶解锁的茶中密码。当然，这个解锁的过程因我个人学识所限难免会有错误和遗漏，还请读者们见谅。

最后，把这本书献给我亲爱的母亲。她在这个世界的最后几天里听到关于这本书的消息时很开心。

目 录

第一章

唐 之 前

我们找寻茶的历史，

有时是在博物馆，有时则在故纸堆。

目之所及到底在哪里？

散落在历史中的吉光片羽

茶有两种，与琴棋书画诗酒齐名的"茶"和与柴米油盐酱醋为伍的"茶"。无论是哪种"茶"，最后都成了如万古江河一般的中国文化中重要的一部分。如今在中国要找到一位从没喝过茶的人应该是件难事吧。在这本书的开篇，我们却要溯流而上，回到历史上那个"喝茶是件稀罕事"的时代。

说到中国人的茶事，很多人都会从唐朝说起。但中国人饮茶绝非从唐朝开始，而是由来已久。只是漫漫历史长河中留到今天的线索少之又少，今人复原唐之前古人饮茶的景象需要借助更多的想象力，把一些记忆的碎片拼接在一起，才能接近唐之前茶史的真实样貌。

随着植物考古和农业考古发现的日益丰富，中国是茶的故乡这一论断虽仍有争议，却在世界范围内被越来越多的学者认可。在植物地理学上，通常将类群内原始种类最集中和多样性最丰富的地区推测为这个类群的起源中心。山茶属茶组植物有 12 种、6 变种，这些植物在滇黔桂的交界地区最为集中，这一地区是山茶属茶组植物的现代多样化中心。中国科学院研究员、植物学家闵天禄先生早在 1992 年就提出中国的滇黔桂交会地是茶组植物的起源中心。1978 年，在云南省普洱市的景谷县，以新种宽叶木兰为主体的景谷植物群化石被中国科学院植物研究所和南京地质古生物研究所发现，这些化石距今 23.5 百万—33.7 百万年。在一些现代被子植物分类系统中，木兰目位于系统演化的基部，所以被一些学者认为是山茶目、山茶科、茶属及茶种垂直演化的祖先。而广西南宁出土的渐新世晚期的南宁古茶和台湾地区桃园县出土的中新世早期的龟山茶树则为木材化石，是最为古老的与茶组植物亲缘关系最为接近的植物化石，这说明在距今 23.5 百万—28 百万年的渐新世晚期，与茶树十分类似的山茶属植物在中国地区已经出现。它们与贵州晴隆的距今 100 万年左右晚第三纪至第四纪时期的四球茶茶籽化石、2700 年前的"镇沅千家寨野生古茶树"、1000 多年前的"邦崴过渡型古茶树"以及千年树龄的"景迈栽培型古茶树"一起形成了茶类植物垂直演变的完整链条。有证据显示，一些原始茶树有可能在滇黔桂等地成功躲过了第四纪冰川期，繁衍生息到今天，让我们得以窥见最早的茶树。

　　唐代陆羽写就的《茶经》，第一句即提及茶的起源："茶者，南方之嘉木也。"陆羽一生并未踏足云南、贵州，他指的南方更多是蜀地及湖北一带。"其巴山峡川，有两人合抱者，伐而掇之。"而蜀地一带，也是现知最早饮茶的地区，汉代王褒在四川时遇见寡妇杨舍家发生主

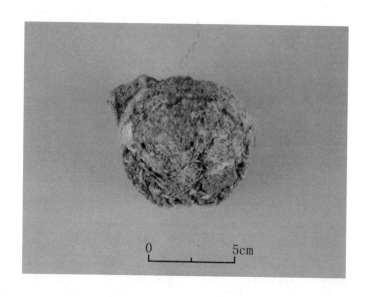

0   5cm

奴纠纷，便为这家奴仆订立了一份契券，明确奴仆必须从事的劳役及应享受的生活待遇。在这份他订立的《僮约》中，有"烹茶尽具""武阳买茶"的记录，这也是关于蜀地饮茶、买茶最早的记载。清顾炎武的《日知录》中也提到"自秦人取蜀而后，始有茗饮之事"。这些是文献中有记载的较早的茶事，而2018年，考古学家在山东邹城邾国故城遗址西岗墓地战国早期一号墓出土的原始瓷碗中发现了茶叶的炭化残留物，这些茶叶经初步研究被认为是煮（泡）过的茶渣。如此，中国人饮茶的实证提前到了战国早期偏早阶段（公元前453—前410年）。在此之前，考古出土的年代最古老的茶叶出自西汉景帝的阳陵，距今2150多年。邾国故城遗址出土的茶渣也是目前世界上首次发现的被人煮（泡）过的茶叶

左图‖山东邹城邾国故城遗址西岗墓地茶叶样品出土情况（引自《考古与文物》2021年第5期）

右图‖西岗墓地茶叶样品显微照片（引自《考古与文物》2021年第5期）

中国人的茶事

残渣，而承载它的原始瓷碗也当之无愧地成为中国最早的茶器。值得注意的是，山东并不是传统意义上的产茶区，这些茶渣的发现引发了我们的追问：茶作为"南方之嘉木"，是如何传入北方邻国的？在此之前，茶是否已在某些地区或人群中风靡了很久？

被评为2014年度全国十大考古新发现的西藏阿里地区故如甲木墓地出土的茶叶，把我们的目光引向距今2000多年的藏北古象雄国贵族们的饮茶风尚。这些茶叶从何而来，是来自蜀地还是云南？还需要更多的研究和论证帮我们解开谜团。

然而，自有饮茶一事开始至中唐这段很长的时间里，我们熟知的茶在文献中经常不叫"茶"。公元前2世纪的西汉，身在蜀地的司马相如在他所著的《凡将篇》中记录了当时的20余种药物，其中的"荈诧"就是茶。西汉末年，扬雄在他所著的《方言》中写道："蜀西南人谓茶曰蔎。"《神农本草经》也有关于茶的记载："苦菜,味苦寒……一名荼草,

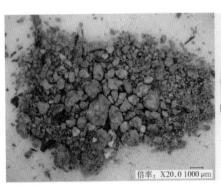

倍率：X20.0 1000 μm

倍率：X100.0 200 μm

一名选，生川谷。"西晋时期杜育的《荈赋》则被视为献给茶的最早的颂词。《桐君录》也提到茶："又南方有瓜芦木，亦似茗，至苦涩。""荈""荈""茶""茗"，甚至《尔雅·释木》中的"槚"，都是茶早期的名字。

从目前的文献中，我们也不难看出，茶最初的功能并不是解渴，而为"药用"。最早的饮用方法如《广雅》所说："欲煮茗饮，先炙令赤色，捣末，置瓷器中，以汤浇覆之，用葱、姜、橘子芼之。"听起来似乎也不那么好喝。然而西晋有个叫惠芳的小姑娘却非常喜欢喝茶，一天她估计是太渴了，为了让煮的茶快点烧开，她鼓起腮帮子对着炉子使劲地吹气。结果袖子被灶台的油渍弄脏，连衣服也被熏黑了。这一幕被她有才华的父亲左思写进了《娇女诗》里："止（一说为'心'）为茶荈据，吹嘘对鼎䥷。脂腻漫白袖，烟熏染阿锡。"一副憨态可掬的小茶童形象呼之欲出。

当然，当时的茶正如陆羽所说，是南方的"特产"，"南方特产"想走进北方人的日常生活还需要时日，也少不了当时爱茶人的极力"推广"。"晋司徒长史王濛好饮茶，人至辄命饮之，士大夫皆患之，每欲往候，必云'今日有水厄'。"（《太平御览》引《世说新语》注）从此，"水厄"这个词就由"溺水之灾"变成了那些不好饮茶的人被好茶者"硬灌"之意。

饮茶风尚随着魏晋南北朝分裂时代社会的剧烈动荡和文化的交融自南向北传播。南朝流落到北方的贵族把

饮茶的习惯带到了当时的"异邦"。南梁灭亡,梁武帝侄子萧正德投降鲜卑人建立的北魏。一次,北魏皇族元乂邀请他赴宴,席间元乂准备了茶,上茶之前特意问萧正德:"卿于水厄多少?"意思是"您的茶量有多少"。这位鲜卑贵族以为南人饮茶如饮酒一样有每个人的"量"。不难看出饮茶在成为流行文化之前尚有一段艰难时路。

茶被大众接受的过程中,有一个群体立下过汗马功劳,那就是寺院中的僧人。茶提神的"功效"为僧人所看重,因而在寺院中被广泛种植和饮用,并随着佛教大兴在信众中得以推广。唐人封演在《封氏闻见记》中谈到佛教与茶事的关系:"(茶)南人好饮之,北人初不多饮。开元中,泰山灵岩寺有降魔师,大兴禅教,

学禅务于不寐，又不夕食，皆许其饮茶。人自怀挟，到
处煮饮。从此转相仿效，遂成风俗。"而其后，从寺院
中走出的茶圣陆羽，赋予了茶更多的文化内涵，茶终于
从"南方之嘉木"走入了文人的书斋，也越过了皇家的
高墙，进入了大众的视野，茶文化自唐开始大兴。更重
要的是，从这里开始，我们可以借由传承有序的诸多时
人画作，如同看一张张"老照片"，"直击"古人饮茶的
现场，而在这之前，更多的只是我们的拼凑和想象。

第二章

唐 代

唐，茶文化始兴。

兴，起也。

茶，对于这个时代的人

是刚流行起来的一个"概念"，

每个人，争先恐后，

想用各种方式告诉你，

他与茶之间的故事。

茶之初相

唐太宗李世民是书圣王羲之的"头号粉丝",他寻访天下王羲之的真迹,为不能亲眼得见王羲之最著名的作品《兰亭集序》而遗憾。他听说《兰亭集序》藏在绍兴的永欣寺,便派人去寻找,然而永欣寺的住持辩才坚持说自己不知情。一日,永欣寺来了一位落魄书生,辩才见此人谈吐不俗,就留他喝茶讲禅,一来二去,两人互为知己,放下防范的辩才拿出自己珍藏的《兰亭集序》给好友看,书生确认是王羲之真迹,就亮出了自己的真实身份和一道圣旨。原来这位书生名叫萧翼,有着不一般的身世背景。他是南朝梁元帝的曾孙,唐贞观年间任谏议大夫、监察御史,他来永欣寺的目的只有一个:为唐太宗拿到《兰亭集序》。这个故事被唐代宫廷画家阎立本画了下来,随之定格在画面里的还有在辩才与萧翼身后的两名备茶侍从。他们为主客二人煎茶的一幕让这幅《萧翼赚兰亭图》成为最早展现唐代饮茶现场的图像,为我们今天研究初唐饮茶之风提供了重要的线索。

传为阎立本所绘的《萧翼赚兰亭图》有多个不同的版本存世,今天考证均为后世画家的摹本。虽然描绘的

都是辩才与萧翼会面的场景，但仔细看细节还是有些许差别。我们以分藏于辽宁省博物馆和台北故宫博物院的两幅宋摹《萧翼赚兰亭图》为例，看看其中备茶部分都画了哪些茶具。两幅图都绘制了一个长方形的竹编的"小矮床"，它在唐朝叫"具列"或者"茶床"，功能是摆放和陈列茶具。两幅图中茶床上摆放的茶具不太一样，辽宁省博物馆藏本的茶床上有一副带茶托的茶盏，还有一个圆形的器具，像是盖子。而台北故宫博物院藏本中，茶床上则是一个茶碾，一个荷叶形的盖子，还有一副带茶托的茶盏。两幅画中侍从面前都画有风炉，三足，古鼎的形状。风炉上煮水的器物叫铫子，看起来颇似今天熬中药的砂锅。风炉和铫子，都是唐代煎茶时经常使用的器物。

左上图‖[唐] 骊山石单柄壶 台北故宫博物院藏

左下图‖[五代] 邢窑白釉风炉、茶镀及茶臼 河北省唐县出土 中国国家博物馆藏

右图‖[唐] 鎏金摩羯鱼三足架银盐台 陕西省扶风县法门寺地宫出土 法门寺博物馆藏

初唐时期制茶方法相对简单，茶的种类也远不如今天丰富，只有属于不发酵茶类的粗茶、散茶、末茶和饼茶。日常饮用时，还沿用早期煮茶的方法，先对茶叶进行简单的处理，比如切碎、熬煮、烘烤、捣碎，再用沸水冲泡。有的还会加上葱、姜、枣、橘皮等调味，然后"煮之百沸"再饮用。前者和现在常见的煮茶方法类似，后一种在我国西南、西北地区以及中亚、西亚的一些国家常见。

陆羽把用这两种方法调制的茶汤视为沟渠中的废水，他提出了更好的品饮方式。先要用竹夹夹起饼茶放在火上炙烤干燥，等饼茶冷却后，把它放在茶碾中碾成粉末。接着用罗，也就是筛子过筛，把筛下的茶末盛在盒子里，这是备茶阶段。煮茶的时候则先把水注入茶镀

内，再把茶镀放在风炉上将水煮沸。当水出现"鱼目"一样的气泡时，要撒入适当分量的盐来调味。当气泡像泉涌一般时，取出一瓢放在一旁，同时还要用竹夹在茶镀里搅动，等到合适的时机倒入事先量好的茶末。等待片刻，到第三次沸腾时，把之前取出的一瓢水重新倒入沸水中止沸，育出沫饽，这时茶才算煮好了，可将茶分倒在茶碗中品饮。陆羽的品饮方式在《茶经》问世之后迅速得到了文人的追捧，并成为主流的方式。诗人元稹、皎然、白居易、陆龟蒙、皮日休等都是这种方式的践行者，有诗文为证：

> 文火香偏胜，寒泉味转嘉。投铛涌作沫，著碗聚生花。（皎然《对陆迅饮天目山茶，因寄元居士晟》）

> 白瓷瓯甚洁，红炉炭方炽。沫下曲尘香，花浮鱼眼沸。（白居易《睡后茶兴忆杨同州》）

陆羽之后，茶文化大兴，到了晚唐，饮茶法有新变的萌芽。唐冯贽《云仙杂记》中的《记事珠》有记载："建人谓斗茶为茗战。"从唐代煎茶到斗茶，对饮茶的器具和茶饼都提出了更高的要求。唐哀帝更是要求福建停止进贡橄榄而改贡"蜡面茶"。五代徐寅《尚书惠蜡面茶》："金槽和碾沉香末，冰碗轻涵翠缕烟。分赠恩深知最异，晚铛宜煮北山泉。"为当时的蜡面茶做了诗意的

描述。当然，唐中期的主流煎茶法也是要碾碎茶叶的，在台北故宫博物院收藏的《萧翼赚兰亭图》中有"茶碾"，陆羽《茶经·四之器》中也有"罗合"（筛子和一只底盘的组合），但如陆羽在《茶经·五之煮》中所说"末之上者，其屑如细米"，末不是粉，过细则浮在水表面不容易下沉。然而1987年陕西扶风县法门寺地宫出土的一套完整茶具中有一件"鎏金飞天仙鹤纹银茶罗子"，茶罗上残存着细密的纱罗，可以看出其对茶末的品质要求趋向于"粉"而不是如细米的"末"。可见，流行于宋的点茶法，有可能从晚唐就已开始萌芽了。

法门寺地宫出土的茶具毕竟是供皇家使用的，其精美程度非一般可比。但到了晚唐还有一个不可忽视的趋势，那就是唐以前，陶瓷是宫廷和达官贵人使用的高档品，茶具、酒具也经常混用，并非专用，但到了唐代后期，陶瓷已经成了一般平民都会使用的普通用品，伴随而来的是陶瓷茶具从水器和食具中独立出来。这是有考古依据的，考古学家在西安南郊唐长安城外城的启夏门外发现的一批晚唐的墓葬，都是很小的土坑墓，推断都是平民或下层品官或商人的墓葬，每个墓里都出土了两三件瓷器。山西长治宋家庄，在唐代属于上党郡管辖，在这里也发现了一批规模特别小的土坑墓，每座墓中都出土了一两件茶壶和茶盏，这也从考古的角度再次验证了茶文化在当时的荣兴。

　　说到唐代茶文化的兴盛，绝对离不开一个人，他就是茶圣陆羽。自陆羽开始，茶的众多别名纷纷消失，"茶"成为茶最被人熟知的名字，融入文人生活、步入皇家深宫，自上而下迅速普及，并上升到精神的层面。茶中蕴含着的"道"和中国人特有的审美意趣开始汇入并滋养我们的人文基因。

茶圣陆羽"胜"在何处?

每次看到《萧翼赚兰亭图》，就会想到著《茶经》、被后世誉为"茶圣"的陆羽。陆羽童年生活在寺庙中，大概也扮演过类似于《萧翼赚兰亭图》里茶童的角色。

关于陆羽的资料并不多，大多来自《陆文学自传》《新唐书·列传·隐逸》，以及他与友人之间的诗词唱和。陆羽幼时遭弃，后被竟陵（今湖北天门）龙盖寺（今西塔寺）的住持智积禅师收养，在精于茶道的智积禅师那里接触了茶。9岁开始，智积禅师用佛经教他读书，并积极传授他佛学思想。然而陆羽对佛学没兴趣，而是倾心于儒学。他曾问智积禅师，没有兄弟姐妹，没有后代，削发为僧，能称之为"孝"吗？自己能不能学习儒学？智积禅师听了，勃然大怒。师徒常各持己见，相争不让。智积禅师为了让陆羽归服，收起了对他的怜爱，让陆羽做寺里最脏、最累的活儿，扫地、清洁僧厕、粉刷墙壁、放牛……但陆羽并没有屈服。没有纸，陆羽放牛时在牛背上用竹子画字；遇到不会的字，就去问会的人；得到一篇张衡的《南都赋》，虽认不全里面的字，没关系，放牛时效仿私塾里的学童正襟危坐，口中念念有词。智

积禅师见陆羽如此"冥顽不灵"，怕他走火入魔，就将他囚禁于寺中，让他做一些修剪杂草的粗活儿，又派一弟子看管他。然而陆羽仍然时时默记文字，背到入神了，恍恍惚惚如患得患失，看管的僧人以为他偷懒就用鞭子抽打他，陆羽叹了一口气说："岁月一天天过去，怕就怕还不明白书中的道理。"看管的僧人以为他心存怨恨，打他更狠了，有一次直到将荆条打断才放了他。陆羽实在太累了，不堪其忧，逃离了寺院，加入了当地的戏班子，成为一位"伶人"，表演一些木偶戏。

天宝五年（746年），当地官府与民同乐，陆羽作为"伶人之师"结识了当时被贬至竟陵的李齐物。李齐物与陆羽一见如故，不仅亲授诗集，还介绍陆羽去竟陵以北的火山门邹夫子门下读书。在这里，陆羽终于可以学习他喜欢的诸子百家思想，学问突飞猛进。天宝十一年（752年），陆羽又结识了同样被贬至竟陵出任司马的崔国辅，两人游处3年，经常结伴到竟陵北部的义阳（今河南信阳）和西部的巴山、峡川（今湖北宜昌）等地周游，一起"相与较定茶水之品"。与崔国辅相交，陆羽开阔了眼界，也对竟陵周边的茶区有了更深入的了解。

到了天宝十四年（755年），安史之乱爆发。士人纷纷过江避难，陆羽也加入了逃亡的队伍。陆羽沿着长江顺流而下，到了当时的吴兴，也就是今天的浙江湖州地区。当时的江南聚集了诸多来此避难的士子文人，陆羽在湖州如鱼得水。在这里，陆羽与诗僧皎然结为"忘年之交"。《全唐诗》中两人相互连句的诗作就有10多首，许多诗作仅从标题上就能看出两人交往之深，如《往丹阳寻陆处士不遇》《九日与陆处士羽饮茶》《同李司直题武丘寺兼留诸公与陆羽之无锡》等。陆羽在湖州并不止于和文人交游品茶吟诗，他的足迹遍布江南的各座茶山。陆羽与皇甫冉赴南京栖霞寺，陆羽上山采茶，皇甫冉在山下等他，写下那首著名的《送陆鸿渐栖霞寺采茶》："采茶非采菉，远远上层崖。布叶春风暖，盈筐白日斜。旧知山寺路，时宿野人家。借问王孙草，何时泛碗花。"没有"远远上层崖"的毅力和深入的实践，陆羽断然写不出千古流传的《茶经》。在广泛地游历后，陆羽收集了大量的第一手资料。在和朋友们的交往、品饮中，陆羽也对茶品、水品做了深入而细致的研究，甚至将文人

山中茅屋是誰家
兀坐閒吟到日斜
俗客不來山鳥散
呼童汲水煮新茶

[元] 赵原《陆羽
烹茶图》 台北故宫
博物院藏

的审美和情趣也一并纳入其中。

761年，《茶经》初稿完成，之后陆羽不断进行补充和完善。如今我们看到的《茶经》全文只有7000余字，可谓是史上最短的一部茶学著作，内容却涵盖茶的起源、采制工具、制造、使用器具、煮茶方法、品饮方式，其中还涉及茶的史料、产地，茶道的仪轨等。关于饮茶的一切他都想到了，而且都不是泛泛而谈，而是谈必言之有物，必从实践中来，可以说无一字多余。《新唐书》评价："羽嗜茶，著经三篇，言茶之原、之法、之具尤备，天下益知饮茶矣。时鬻茶者，至陶羽形置炀突间，祀为茶神。"说唐代民间的茶商已将陆羽视为行业"保护神"，将其"神化"了。欧阳修在其《集古录》中也说道："茶之见前史，盖自魏晋以来有之，而后世言茶者必本陆鸿渐，盖为茶著书，自其始也。"

《茶经》的流传最早可追溯至公元765年前后，当时民间流传的版本多是手抄本，并不是最终的版本，《茶经》最后付梓成书应在780年左右，按照美国学者威廉·乌克斯的研究："陆羽晚年得到唐朝皇帝的器重，处境很好。后来他又开始寻求生命的玄奥，到了775年成为一位隐士，五年后出版《茶经》，804年逝世。"

陆羽的一生，可谓走了一条从孤儿到伶人再到茶圣的逆袭之路，即使放在今天看也非常励志。然而有没有人想过，陆羽尚在人世就能看到自己的茶书成为经典，作品被世人肯定，并且名利双收，放眼中西方文化史也

[五代] 白瓷陆羽像 中国国家博物馆藏

没几个人能做到。每个人的口味、喜好相差万里，然而诸如"其地，上者生烂石，中者生砾壤，下者生黄土……其水，用山水上，江水次，井水下……"此类细致又具体的标准一经陆羽说出就能被大多数人接受，这在被视为文化高峰的唐朝绝非易事。茶圣陆羽因何在人才辈出的唐朝脱颖而出？

从陆羽所写的自传到《新唐书》中的《陆羽传》，都为我们描绘了这样一个"陆羽"：相貌丑陋且口吃，却非常喜欢与人争辩。见人有过错，上前就规劝，却经常因为太过迫切而触怒他人。与朋友一起吃饭，突然想起别的事情，起身就走从不打招呼，人们都觉得他性情乖张。但是与人约好的事情，即使冰雪封路、虎狼当道，他也绝不推辞。陆羽为人固执，坚持自己认为对的事情，对知识的追求如饥似渴，这从他与智积禅师的相处中我们也大概了解了。但同时他也是一个懂得感恩的人，即使智积禅师不理解他，待他严苛，他仍在自传中尊称其为"大师积公"。当得知智积禅师圆寂，身在他乡的陆羽哭之甚哀，写下著名的《六羡歌》："不羡黄金罍，不羡白玉杯，不羡朝入省，不羡暮入台。千羡万羡西江水，曾向竟陵城下来。"黄金罍、白玉杯、朝入省、暮入台，这些又都算得了什么？他只希望如西江水一般，回到竟陵城，回到师父的身边。《新唐书》说他"更隐苕溪，自称桑苎翁，阖门著书。或独行野中，诵诗击木，裴回不得意，或恸哭而归，故时谓今接舆也"，他肆意随性、狷狂孤傲，当时的人把他比作春秋时楚国的狂人接舆。

如此个性的陆羽为人坦荡，待人赤诚，视功名为浮云。他在竟陵结识的两位"贵人"李齐物和崔国辅，他们在朝中属于不同的政治利益集团，先后被贬至竟陵，但都与陆羽一见如故。陆羽一生未入仕，即使被封为太子文学，也不入职，也许早在结识这两位时就已埋下了"不羡朝入省，不羡暮入台"的种子。他以茶与人交往，以自己的才情与文人往来。大历七年（772年），在安史之乱中屡建奇功的颜真卿被任命为湖州刺史，次年春到湖州任上，其间，与湖州文人品茗游宴，吟诗联句，为修撰《韵海镜源》召集文人学士20余人，陆羽也在其中。修书之余，众人一起在杼山饮茶赋诗，不亦乐乎。《韵海镜源》编撰工作完成，颜真卿在杼山妙喜寺立亭以示纪念，陆羽将之命名为"三癸亭"。皎然作《奉和颜使君真卿与陆处士羽登妙喜寺三癸亭》以记之。颜真卿离开湖州之后，湖州文人的频繁茶事暂告一段落，陆羽又开始了他隐士一般的游历生活。他到信州茶山与孟郊交往；到洪州（今江西南昌）玉芝观、庐山等地，与权德舆、戴叔伦等人交游；还到了湖南、岭南等地担任幕僚。贞元九年（793年），陆羽到了杭州，与灵隐寺道标、宝达禅师往来甚密。在《全唐诗》中，标题出现"陆羽"的诗歌不在少数，与茶相关的诗则更多。可以说，《茶经》虽是陆羽所著，少不了他尝遍百草之功，但其中精细的标准绝非他一人之喜好，多是他与这些文人茶友长期试水品茶反复评定的结果。如没有如此庞大的唐代好茶文人群体的"加持"，《茶经》恐怕也无法拥有日后如此惊人的影响力。

陆羽不仅被同时代的许多文人雅士视为"知己"，也被后世无数文人引为"知音"。明项圣谟有一幅《琴泉图》，画面附有画家长题："我将学伯夷，则无此廉节。将学柳下惠，则无此和平。将学鲁仲连，则无此高蹈。将学东方朔，则无此诙谐。将学陶渊明，则无此旷逸。将学李太白，则无此豪迈。将学杜子美，则无此哀愁。将学卢鸿乙，则无此际遇。将学米元章，则无此狂癖。将学苏子瞻，则无此风流。思比此十哲，一一无能为。或者陆鸿渐，与夫钟子期。自笑琴不弦，未茶先贮泉。泉或涤我心，琴非所知音。写此琴泉图，聊存以自娱。"

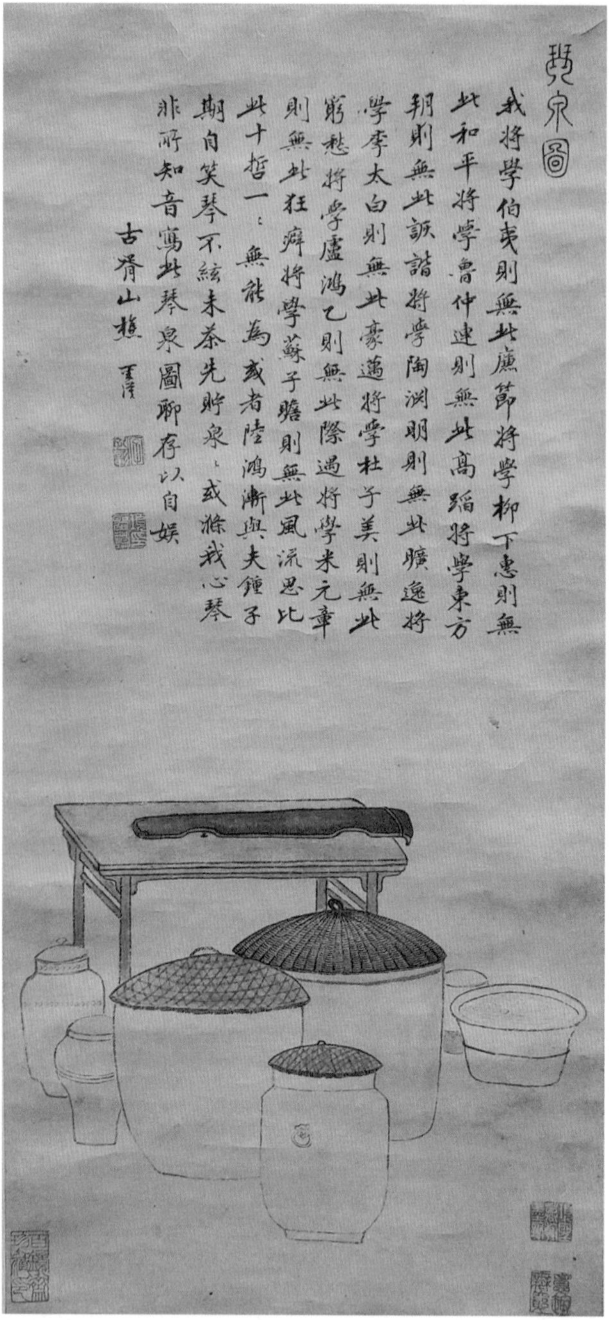

[明]项圣谟《琴泉图》故宫博物院藏

琴泉图

我将学伯夷则无此廉节将学柳下惠则无
此和平将学鲁仲连则无此高踔将学东方
朔则无此诙谐将学陶渊明则无此旷逸将
学李太白则无此豪迈将学杜子美则无此
忧愁将学卢鸿乙则无此际遇将学米元章
则无此狂癖将学苏子瞻则无此风流思比
此十哲一二无能为或者陆鸿渐与夫钟子
期自笑琴不绝未茶先贮泉,或涤我心琴
非所知音写此琴泉图聊存以自娱

古胥山樵 圣谟

《茶经》如果读得仔细，我们会读到很多面的陆羽，然而没人会觉得突兀或违和。举个简单的例子，《茶经·四之器》中详细描述了陆羽设计的风炉：

风炉以铜铁铸之，如古鼎形，厚三分，缘阔九分，令六分虚中，致其圬墁。凡三足，古文书二十一字。一足云"坎上巽下离于中"，一足云"体均五行去百疾"，一足云"圣唐灭胡明年铸"。其三足之间，设三窗。底一窗以为通飙漏烬之所。上并古文书六字，一窗之上书"伊公"二字，一窗之上书"羹陆"二字，一窗之上书"氏茶"二字。所谓"伊公羹，陆氏茶"也。置滞埠于其内，设三格：其一格有翟焉，翟者，火禽也，画一卦曰离；其一格有彪焉，彪者，风兽也，画一卦曰巽；其一格有鱼焉，鱼者，水虫也，画一卦曰坎。巽主风，离主火，坎主水，风能兴火，火能熟水，故备其三卦焉。其饰，以连葩、垂蔓、曲水、方文之类。其炉，或锻铁为之，或运泥为之。其灰承，作三足铁柈台之。

风炉，是整部《茶经》中惜字如金的陆羽最耗费笔墨、用尽心力描述的一件器具。他按照古代礼器鼎的形状来设计风炉，而且融入八卦和五行元素，而第三足上刻的字为"圣唐灭胡明年铸"，陆羽以安史之乱结束年为时间坐标来计时，可见其壮志未酬的家国情怀。而两窗上刻的字更有玄机，"伊公羹，陆氏茶"，"伊公"是商朝初年的贤相伊尹，用的是伊尹负鼎操俎调五味而立为相的典故，陆羽将自己的"陆氏茶"与"伊公羹"同列一处，是希望自己能用茶达到与伊公治国同样的效果。对于当时文化的三股源流——儒、释、道，陆羽以他不羁的个性做到了最大的包容，就如同几千年之后茶无论去到世界哪里，不同国度、不同信仰、不同民族的人们总能从一碗茶汤之中得到一种近乎哲学的精神慰藉。

大唐皇帝一杯茶的背后是什么？

随着饮茶之风的盛行，这股风潮自然也吹进了深宫禁内。

《陆羽点茶图跋》记载："竟陵大师积公嗜茶久，非渐儿（陆羽）煎奉不向口。羽出游江湖四五载，师绝于茶味。代宗召师入内供奉，命宫人善茶者烹以饷，师一啜而罢。帝疑其诈，令人私访，得羽召入。翌日，赐师斋，密令羽煎茗遗之，师捧瓯，喜动颜色，且赏且啜，一举而尽。上使问之，师曰：'此茶有似渐儿所为者。'帝由是叹师知茶，出羽见之。"这个写于题跋中的故事总是被欲知积公大师和陆羽后事如何的人们拿出来唏嘘感叹，但也就权当一个传奇来看。人们总说陆羽和唐代宗关系密切，总归是没有实质的证据，陆羽说到底仍是一个闲散的"编外人士"，然而说陆羽深刻影响了唐朝的茶政，并间接使贡茶成为历朝历代的一项制度则是确有其事。

宋代欧阳修在《顾渚贡茶始末》中引用《唐义兴县重修茶舍记》碑刻记载的唐设立贡茶院的原委："义兴贡茶，非旧也，……山僧有献佳茗者，会客尝之。野人陆羽以为芬香甘辣，冠于他境，可荐于上（皇上）。栖筠从之，始进万两，此其滥觞也。厥后因之，征献浸广，遂为任土之贡，与常赋之邦侔矣。"当年李栖筠任常州刺史时，有位来自义兴（今江苏宜兴）的山僧赠予他好茶，正在当地考察茶事的陆羽尝了，认为此茶品质优于其他产地的茶，建议李栖筠将此茶献给皇帝。李栖筠采纳了陆羽的建议，进贡给朝廷一万两阳羡茶。那时的贡茶算是土贡，也就是各地产茶的州郡每年定额向朝廷纳贡。

根据唐代史料的不完全统计，唐代共有 17 个州所属的 19 个郡府进贡茶叶，地域包括现在的江苏、浙江、安徽、湖南、湖北、江西、福建、四川、河南、陕西等10 个省。贡茶虽多，但并未形成一套固定的制度。根据目前所了解的唐代土贡情况来看，各地土贡的特产都是通过收购获得，而且收购的贡品是由相对松散的贡户生产，进贡的时间又多是在每年冬天各州官员入京时。但有些茶叶，比如绿茶，最讲究的就是一个"鲜"字，这样的土贡自然无法满足宫廷内日益提高的饮茶品位。推荐了阳羡茶后大约 3 年，陆羽又在顾渚山反复较定，认定湖州顾渚紫笋品质更胜一筹。于是，大历五年（770年），朝廷在顾渚山侧的虎头岩设立了贡茶院，从产地直供朝廷，并专门派官员督办茶事，由"刺史主之，观察使总之"，至此唐朝开启了官焙时代。

得益于唐朝诗人的笔墨，我们今天还能沉浸在当年的情境之中。"遥闻境会茶山夜，珠翠歌钟俱绕身。盘

上图 ‖ 如今的湖州
长兴大唐贡茶院

下图 ‖ 顾渚山大唐
贡茶院金沙泉

下中分两州界，灯前合作一家春。青娥递舞应争妙，紫笋齐尝各斗新。自叹花时北窗下，蒲黄酒对病眠人。"

这首《夜闻贾常州崔湖州茶山境会想羡欢宴因寄此诗》是白居易在苏州做官时所作，一天夜里他听说常州刺史与湖州刺史正在顾渚山上的境会亭举行茶宴，遗憾自己因病不能参加，想象着此刻茶宴上热闹的情景，对着病体和眼前的蒲黄酒，无奈之下写出这首诗。

负责贡茶的刺史们的真实状态可能并没有白居易写的那么浪漫惬意。每年立春过后，湖州刺史都要进山，直到谷雨贡茶焙制完毕才会离开。在今天的湖州长兴的顾渚山，还有几任湖州刺史的刻石。在顾渚山东北约 4

公里的金沙涧，山腰有一处刻石，上有兴元元年（784年）湖州刺史袁高、贞元八年（792年）湖州刺史于頔和大中五年（851年）湖州刺史杜牧的题字。袁高题："大唐州刺史臣袁高，奉诏修贡茶至□山最高堂，赋《茶山诗》，兴元甲子岁在三春十日。"

紫笋茶属于上等的珍稀品种，产量本来不多。设置贡茶院之后，由专员督造，顾渚紫笋的产量逐年增多。根据《南部新书》所载的顾渚紫笋产量情况："唐制，湖州造茶最多，谓之'顾渚贡焙'，岁造一万八千四百八斤。"这令人不禁好奇，这么多茶喝得完吗？喝不完的顾渚紫笋都去哪儿了？

《御定月令辑要》记载："湖州紫笋入贡，每岁以清明日贡到，先荐宗庙，然后分赐近臣。"这些贡茶不仅要用来祭祀先祖、供皇帝和宫内嫔妃们日常饮用，还会赏赐给皇帝身边的一些近臣。皇帝赐茶，而且是贡茶，大臣必然要感谢，不仅要跪谢，还要写"谢茶表"。谢茶表的内容都很相似，首先描述一下得到贡茶时的诚惶诚恐，然后描述一下贡茶如何难得，品质和滋味如何了得，接着就要说贡茶如此珍贵我哪里配得上，只有更加努力、更加忠心来回报陛下的恩宠等。唐代最出名的谢茶表估计就是武元衡的了。武元衡为武则天曾侄孙，皇帝赐给他两斤新茶，他视为无上的恩赐，第一时间亲自写了一篇谢茶表，可能是觉得自己写得不够好，又请刘禹锡和柳宗元代写了两篇。区区两斤茶，还要搭上这两位大文豪的人情，可见赐茶荣耀非同一般。

　　除了"荐宗庙""赐近臣"之外，"清明宴"也会用到这些贡茶。清明宴本是顾渚贡茶院每年清明品评新茶的茶宴，随着贡茶日益受到朝廷重视，这一形式也被带到了宫廷。清明宴因其盛大隆重成为上至皇帝嫔妃，下至文武百官每年最期待的盛会之一。唐代僧人子兰写有一首《夜直》，用诗意的语言描绘了清明宴的盛景："大内隔重墙，多闻乐未央。灯明宫树色，茶煮禁泉香。"音乐、歌舞、通明的灯火、禁宫里甘甜的泉水……平日里美轮美奂、值得诗人为之写诗抒情的对象，这天统统成为茶的配角。"凤辇寻春半醉回，仙娥进水御帘开。牡丹花笑金钿动，传奏吴兴紫笋来。"这首张文规的《湖州贡焙新茶》的诗，似乎让我们亲眼得见贡茶入宫时，宫中上下奔走相告、欢欣雀跃的情景，此种情形唯有杨贵妃的荔枝来可比了。以上都是诗句，没有实物可看总是遗憾的。

　　如此珍贵的茶叶，该用什么茶具相配呢？法门寺地宫出土的茶具为我们揭开了答案。这些在874年被唐僖宗下令封闭在法门寺地宫里的茶具也是唐代宫廷饮茶之风最有力的证明，当中包含茶叶的贮存、烘烤、研磨、过筛、煎煮等的全套茶具。金银及琉璃的材质极尽奢华和尊贵，制作的精巧代表着当时最高的工艺水平，并且它们都属于陆羽《茶经》中所列的茶器范围。日本学者高桥忠彦认为唐懿宗使用过的这批茶具不只是具有特殊的宗教意义，而且还有助于我们了解唐代宫廷生活。

如此精美的茶具，自然配得上官焙的贡茶。既然有了贡茶院而且是专事专人专办，对茶的要求就必然提高了。首先是品质。唐代贡茶的产区在今天依然是名优茶的出产地，一方面这里有得天独厚的地理优势，另一方面贡茶制度让当时最好的制茶工匠聚集在这里，他们在相互磨合中促进了制茶工艺的提升，今天我们依然受益其中。除了品质，时机也很重要。贡茶必须让皇帝尝"鲜"，所谓"天子须尝阳羡茶，百草不敢先开花"。《旧唐书·文宗本纪》记载唐文宗李昂"（大和）春七年正月乙丑朔，……吴、蜀贡新茶，皆于冬中作法为之，上务恭俭，不欲逆其物性，诏所贡新茶，宜于立春后造"，所谓"冬中作法"，大致就是一种利用温室效应让茶树在冬天发

[唐]鎏金飞鸿球路纹银笼子 陕西扶风县法门寺地宫出土 法门寺博物馆藏

芽的方法。今天我们都知道冬天采摘的茶叶或是催发的茶青比起自然生长的春茶，滋味差很多，这让人不禁怀疑"不欲逆其物性"的真实原因也许并不是恭俭。不管怎样，不让提前制作贡茶的结果是尴尬的，因为要赶上每年宫中的清明宴，时间总是异常紧张。于是采茶工"陵烟触露不停探"，负责督茶的官员还要"官家赤印连帖催"，贡茶做好了必须要马不停蹄地送至宫中："驿骑鞭声砉流电，半夜驱夫谁复见。十日王程路四千，到时须及清明宴。"顾渚紫笋制作完毕，要通过驿馆层层"快递"，日行数百里，昼夜兼程送往长安。十日之内便要送达，而且必须赶在清明宴之前，因此这种茶在当时也被称为"急程茶"。

如此这般，负责监督制茶的刺史们有何感想呢？还记得前面提到的在顾渚山上留下石刻的湖州刺史袁高吗？他写了一首《茶山诗》，诗中描写了茶农之苦：

禹贡通远俗，所图在安人。后王失其本，职吏不敢陈。

亦有奸佞者，因兹欲求伸。动生千金费，日使万姓贫。

我来顾渚源，得与茶事亲。眠辍耕农耒，采采实苦辛。

一夫旦当役，尽室皆同臻。扪葛上敧壁，蓬头入荒榛。

终朝不盈掬，手足皆鳞皴。悲嗟遍空山，草木为不春。

阴岭芽未吐，使者牒已频。心争造化功，走挺麋鹿均。

选纳无昼夜，捣声昏继晨。众工何枯栌，俯视弥伤神。

皇帝尚巡狩，东郊路多堙。周回绕天涯，所献愈艰勤。

况减兵革困，重兹固疲民。未知供御余，谁合分此珍。

顾省忝邦守，又惭复因循。茫茫沧海间，丹愤何由申。

作为负责督造贡茶的湖州刺史，这首诗写得已经相当不客气了。我们从诗中看到了劳民伤财，看到农田无人耕种，还看到腐败在滋生、骄奢被助长。如果说土贡还是地方官府有偿进贡朝廷的话，那么官焙实质上则是一种无偿征用，加重了地方官吏和下层民众的负担，然而自唐代开始的贡茶制度一直持续到了清代。

除了贡茶制度外，唐代茶政还有一项"发明"，那就是茶税和榷茶制度。在唐代，茶已经进入流通市场成为商品。安史之乱之后，在财政困难之时，德宗在建中元年（780年）采纳了户部侍郎赵赞的建议，以十取一的比率始收茶税，这是中国历史上茶税的开端。此后唐代茶税曾有几次废止和恢复，并经过数次加税。到了大和九年（835年），王涯上疏，建议改行榷茶制度。所谓榷茶制度，用今天的话来讲就是茶叶专卖制度，即由茶叶管理机构将民间的茶园作价收归官办，雇工摘制，收入全归于官府。这种做法当然违背了市场规律，损害了茶商和茶农的利益。同年，王涯因甘露之变被杀时，沿街的百姓向他丢石块泄愤。《新唐书》如此记载："民怨茶禁苛急，涯就诛，皆群诟詈，抵以瓦砾。"

然而这一震惊朝野的事件，却也牵连了另一位在茶史上响当当的人物无辜被害，他的名字叫"卢仝"，让我们在这里先记住他的名字。

一首茶诗入仙班

在集中整理历代以饮茶为主题的绘画作品时，我们发现了一个有趣的现象，那就是唐以后与茶相关的历代名画中出现频率最高的名字并不是茶圣陆羽，而是晚他半个多世纪出生的卢仝。卢仝以一首诗闻名茶史，并被誉为"茶仙"。南宋的刘松年，元代的钱选，还有明代的丁云鹏、杜堇、文徵明、唐寅、陈洪绶，清代的金农等，都画过以"卢仝饮茶"为主题的画，有的人甚至画过不止一幅。论对茶的学术研究及贡献，卢仝自然比不上茶圣陆羽；论其诗的文学性、艺术性，当然也比不上同样爱喝茶的李白、杜甫、白居易。那么，后世画家为何偏爱卢仝？

很多人不了解卢仝，甚至可能连他的名字都会读错，然而提到"初唐四杰"之一的卢照邻，知道的人就很多了。自号玉川子的卢仝，是卢照邻的嫡系子孙，生于河南济源。他虽然出自名门，但家道中落，隐居在少室山。后来卢仝移居洛阳，家中只有一奴一婢。平常人家都喜欢用年轻、衣着整洁、干活勤快的仆人，然而卢仝家里这位老奴留着长长的胡子，也不裹头，婢

左图 ‖ [宋] 佚名
《卢仝烹茶图》故宫
博物院藏
为现存年代最早的以
卢仝为主题的画作

右图 ‖ [明] 丁云
鹏《玉川煮茶图》
故宫博物院藏
一奴长须不裹头，一
婢赤脚老无齿，相伴
卢仝左右

女则是打着赤脚，而且老得牙齿都已经掉光了，后世画家画卢仝饮茶图，这一奴一婢经常相伴卢仝左右。

卢仝和陆羽一样不喜欢当官，从未出仕。家里不很殷实，不做官又不经商，怎么活下去呢？卢仝依靠的是"邻僧送米"。朝廷曾两度备下厚礼请他出山，给他的官职是"谏议大夫"——其实也很符合他的脾气秉性，可以畅所欲言，但他就是不去。当时韩愈身为河南令，十分爱才。一次卢仝被当地恶霸恐吓，不得已告诉了韩愈，韩愈便帮他摆平了。然而卢仝担心恶霸报复韩愈，不肯深究，韩愈就更敬重卢仝的为人了。

卢仝虽然不愿当"谏议大夫"，但不代表他放弃了"发言权"，只是他更愿意自由地表达。唐宪宗元和年间，有月食，卢仝写《月蚀诗》讽刺当时的逆党，韩愈大赞，有些人则觉得很刺耳。甘露之变时，卢仝恰好在王涯宅邸的书馆内与朋友吃饭留宿，于是受牵连被害。

出身望族，同样不好仕途，喜饮茶，交友广泛，却一蹈非地，玉石俱焚，和茶圣陆羽相比，卢仝走出了完全不同的人生轨迹。卢仝有一首《走笔谢孟谏议寄新茶》：

> 日高丈五睡正浓，军将打门惊周公。
> 口云谏议送书信，白绢斜封三道印。
> 开缄宛见谏议面，手阅月团三百片。
>
> 闻道新年入山里，蛰虫惊动春风起。

天子须尝阳羡茶，百草不敢先开花。

仁风暗结珠琲瓃，先春抽出黄金芽。

摘鲜焙芳旋封裹，至精至好且不奢。

至尊之余合王公，何事便到山人家。

柴门反关无俗客，纱帽笼头自煎吃。

碧云引风吹不断，白花浮光凝碗面。

一碗喉吻润，两碗破孤闷。

三碗搜枯肠，唯有文字五千卷。

四碗发轻汗，平生不平事，尽向毛孔散。

五碗肌骨清，六碗通仙灵。

七碗吃不得也，唯觉两腋习习清风生。

蓬莱山，在何处。

玉川子，乘此清风欲归去。

山上群仙司下土，地位清高隔风雨。

安得知百万亿苍生命，堕在巅崖受辛苦。

便为谏议问苍生，到头还得苏息否。

　　这首诗不短，不妨把它看成四节短诗，它们彼此独立成章，重点不同，每一部分都信息量巨大。这首诗从题目来看是卢仝写给孟简的，谏议是孟简的官职，卢仝为感谢在常州担任刺史的孟谏议不远万里寄来新茶而写了这首诗。诗的开头，正在睡懒觉的卢仝被急切的拍门声吵醒，军将说孟谏议送来了书信。白绢上封了三道印，说明信的级别很高。打开封缄如同亲见好友，孟谏议寄来的原来是数片团茶（三百片为虚数，形容很多）。那么孟谏议寄来的是什么茶呢？居然要"白绢斜封三道印"。卢仝在诗中说他听闻孟谏议新年一过就进山了，等到了惊蛰，和煦的春风吹起，天子要喝到最新鲜的阳羡茶，百草都不敢先开花。卢仝还如此描述阳羡茶的品质：早春茶树上抽出嫩黄的新芽如同春风结出的珠玉。摘下最新鲜的茶芽焙出香气后就要在最短时间内封存起来，茶的品质看起来不奢华却至精至纯。面对如此珍贵的阳羡贡茶，卢仝不免心中生疑：这么好的茶，皇帝只会分给王公大臣，今天怎么送到他这山野之家了呢？卢仝关了柴门不再待客，用纱帽拢住头发，烧水煎茶。煎出的茶汤汤色碧绿，热气蒸腾，白色的茶沫在茶碗的表面凝结。

接下来是这首诗最为人津津乐道的部分，甚至被冠以《七碗茶歌》独立成篇。卢仝用朴素的语言、奇绝的诗情，由浅入深地描绘了爱茶人最难与人描述的饮茶的七重感受。"一碗喉吻润"，饮下第一碗润润喉。"两碗破孤闷"，第二碗让你油然而生被陪伴、被呵护的感受，你不再是孤零零的一个人。"三碗搜枯肠，唯有文字五千卷"，第三碗喝下好像搜肠刮肚，剔除一切多余，只留下平日里读的圣贤之书，灵感一触即发。"四碗发轻汗，平生不平事，尽向毛孔散"，这第四碗喝下去，茶气上扬，身上微微出汗，平生一切烦恼与不快，借着毛孔遁去。"五碗肌骨清"，喝到第五碗已觉得身体由内到外清爽干净。"六碗通仙灵"，第六碗茶上升到了灵魂层面，神清气爽似乎可以和神灵相通。第七碗不能再喝了，因为此刻两腋似有习习清风，似乎要羽化升仙了。每一句都是大白话，却字字入心，从身体到灵魂，描述了饮茶过程中妙不可言的七重境界。不得不说，和卢仝相比，陆羽写《茶经》用的是理科生的思维、科学家的态度，确实略输文采。然而即使卢仝把喝茶的境界写得如此美妙，如果这首诗止步于此，那么也只能算妙品，达不到神品的程度。尽管这一段最被人熟知，然而我个人最爱的却是最后一段。最后一段才是卢仝成"仙"的关键所在。

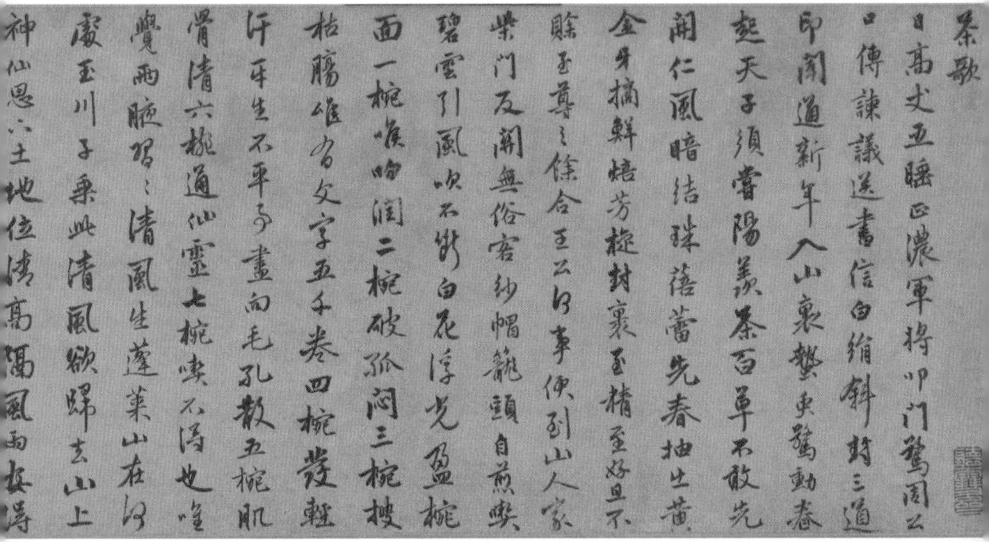

茶歌

日高丈五睡正浓，军将扣门惊周公。口传谏议送书信，白绢斜封三道印。开缄宛见谏议面，手阅月团三百片。闻道新年入山里，蛰虫惊动春风起。天子须尝阳羡茶，百草不敢先开花。仁风暗结珠蓓蕾，先春抽出黄金芽。摘鲜焙芳旋封裹，至精至好且不奢。至尊之余合王公，何事便到山人家。柴门反关无俗客，纱帽笼头自煎吃。碧云引风吹不断，白花浮光凝碗面。一碗喉吻润，二碗破孤闷。三碗搜枯肠，唯有文字五千卷。四碗发轻汗，平生不平事，尽向毛孔散。五碗肌骨清，六碗通仙灵。七碗吃不得也，唯觉两腋习习清风生。蓬莱山，在何处？玉川子乘此清风欲归去。山上群仙司下土，地位清高隔风雨。神仙……

[明] 杜堇画、金琮书《卢仝茶歌诗意图》故宫博物院藏

最后一段卢仝写道：蓬莱山啊，在哪里？我玉川子乘着清风要去向那里。蓬莱山上的群仙啊，你们不是应该掌管着地上万物苍生吗？你们站得那么高，吹不到风也淋不到雨，你们怎么能知道人间有千百万的百姓正在悬崖间采茶不顾性命，我要替好友孟谏议问问你们，他们如此辛苦，到头来能否得到片刻的安息？

自一开始被扰清梦的惊恐，从见到好茶的惊喜，再到偷着乐的窃喜，接下来是一碗碗茶层层递进的美妙感受——温暖、服帖、安慰、共情、神清气爽，直到乘风归去飞往仙界，然而他飞往仙界的目的却是要质问高高在上的仙人们，能否让茶农得以片刻的休息。其中的波澜起伏，是诗人的胸中丘壑，也蕴含着对茶人的辛酸甘苦的理解。这一咏三叹读完犹如喝下一杯阳羡茶，浓郁茶香中藏着岩韵傲骨，回味悠长。仅此一篇，卢仝位列仙界，足矣！

卢仝"飞入"仙界为民请命，批评的是高高在上的皇帝，抨击的是朝廷的贡茶制度。卢仝的格局并不在那七碗茶上，而在亿万苍生。卢仝虽没有接纳朝廷给他的"谏议"官职，却在生活中行了"谏议"之职；虽没成为仗义执言的"卢谏议"，却因这首诗被后世誉为"茶仙"。

《唐才子传》如此评价他的诗："全性高古介僻，所见不凡近。唐诗体无遗，而仝之所作特异，自成一家，语尚奇谲，读者难解，识者易知。后来仿效比拟，遂为一格宗师。"性情高古，所见不同于常人。合乎唐代诗体却能自成一家，读者难解，但识者易知，后来效仿者众多，卢仝为一格宗师。这些已经是很高的评价。纵使李白曾写诗让仙人掌茶，但人们记住的永远是他斗酒诗百篇的样子。白居易写出百首茶诗，但论其中主旨要义，都只能对应卢仝这首诗的其中一段而已。在这首诗面前，他们都输给了卢仝。所以，就像张若虚的《春江花月夜》可以"孤篇盖全唐"一样，卢仝只此一首诗就足以让他名列仙班了。后世文人爱他画他，不仅因为视"乘此清风欲归去"为饮茶的最高境界，也缘于他们永远无法达到心中的桃花源，不得不始终堕在巅崖受辛苦。所有为此苦闷之人，都想饮下卢仝手中的"七碗茶"，短暂"还得苏息"。

中国人的茶事

唐茶的疆域

> 古人亦饮茶耳，但不如今人溺之甚。穷日尽夜，殆成风俗。始自中地，流于塞外。
>
> ——《封氏闻见记》

在唐之前北方人调侃南方人喝茶为"水厄"的魏晋南北朝时代，北魏皇族元乂在席间问从南梁来的萧正德："卿于水厄多少？"意思是："你的茶量有多少？"这位鲜卑贵族以为南人饮茶如饮酒一样有每个人的"量"。元乂是不是有意揶揄我们不知道，但可以肯定的是，南方来的茶要在北方"有所作为"少不了要与酒"较量"。而距离中原更遥远的边疆，游牧民族需要酒来抵御严寒，也需要茶来帮助消化肉食。

在敦煌遗留于世的文书中，有一篇对于当下研究唐代茶事非常重要的文献，名为《茶酒论》。传世的有六个手抄版本，也有说法是七个，主要的一些版本及残卷当年被伯希和和斯坦因带去法国和英国，目前仍流于海外。《茶酒论》的作者经过考证是唐朝的一名乡贡进士王敷，文中提及了唐朝重要的茶产地"浮梁"，浮梁

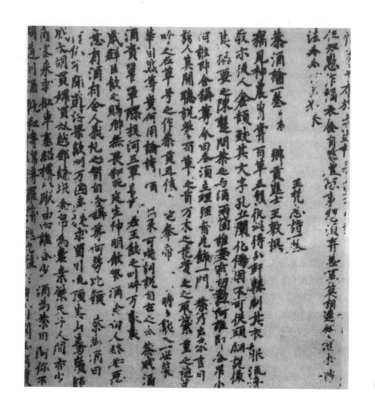

[唐]《茶酒论》
（局部）

是在唐天宝元年（742年）由新平县改名的，这也说明
《茶酒论》的写作年代不会早于玄宗天宝元年。《茶酒论》
是一篇令人过目不忘的散文小品，更像一篇富有想象力
的寓言，读来轻松，让人忍俊不禁。整篇文章以对话的
方式展开，旁征博引，取譬设喻，茶和酒都在文中被拟
人化，各述已长，攻击彼短，希望能在实力上压倒对方。
其中茶说自己出身高贵，是百草之首，是万木之华。无
论是帝王还是高官，每年都会有人进贡好茶，和前文所
写唐代贡茶制度相吻合。酒也自夸："自古至今谁都知

道茶卖得便宜酒卖得贵。军队出征都要喝酒壮行，君王喝酒自有万丈豪情，让人称呼万岁，朝中大臣喝酒，也会勇气倍增……"

文中还讲道："浮梁歙州，万国来求。蜀川蒙顶，骑山蓦岭。舒城太湖，买婢买奴。越郡余杭，金帛为囊。素紫天子，人间亦少。商客来求，船车塞绍，阿谁合小。"短短几句聚焦在了唐朝重要的茶叶产区和茶业贸易中心因茶而富的盛况。纵然有陆羽等人的推动，但饮茶之风能风行全国，几次禁酒运动也起到了推动的作用。唐代人口自贞观初年（627 年）到开元二十八年（740年）的 100 多年里由 300 万户增至 841 万户，增长了近两倍，粮食需求自然也水涨船高。安史之乱开始，战乱频发，粮食产量显著下降。众所周知，酿酒消耗的主要是粮食。758 年，唐肃宗朝实行禁酒令，禁止在京城长安卖酒，并规定除朝廷上的祭祀燕飨外，任何人不得饮酒。764 年，代宗又规定全国各州的卖酒户数，除这些户外，不论公私，一律不得卖酒。连续的禁酒令使得很多人放下了酒杯，端起了茶碗，从而促进了饮茶风尚的大流行。

另一方面，《茶酒论》也为我们提供了唐朝茶文化传入西域的证据。在 9 世纪之前，茶叶的产区及进贡以州郡为单位，很少写明具体产地，也就是说不会明确是"蒙山茶"，进入 9 世纪，蒙山茶的记载明显增多。《茶酒论》中明确提到"蜀山蒙顶"，由此可以将《茶酒论》

的创作时间推定到 800 年至 806 年。而敦煌写本《茶酒论》均为传抄本，其中 P.2972 写本正面抄写《茶酒论》，背面写有首题"丁丑年六月十日图李僧正迁化纳□历"及"金光明寺"的涂鸦。经过伏俊琏先生的考证，此写本当由金光明寺寺学中的学郎抄于公元 917 年或此前不久。此时正是五代时期。有些许扬茶抑酒意味的《茶酒论》在敦煌的寺院中出现，让我们不难想象晚唐至五代时期，茶在河西走廊已然不是新鲜事物。

从历史上看，我们国家产茶的区域从茶树原产地，即西南地区，先后经由水路和陆路逐渐向其他地区扩展。受制于自然条件，茶很难扩展至寒冷的北方地区。在不产茶的北方，想要饮茶只能靠商贸。北方少数民族需要茶、丝、米粮，中原需要马匹，以物易物的茶马互市在唐代发展起来。

《封氏闻见记》上有描写："往年回鹘（同回纥）入朝，大驱名马市茶而归，亦足怪焉。"是说回纥来到长安，用西域名马换了茶回去。《新唐书》有载："其后（指陆羽著《茶经》后）尚茶成风，时回纥入朝，始驱马市茶。"从唐玄宗开始，唐频繁在西域与各种势力相抗衡，需要大量的良马。尤其是贞元三年（787 年），唐与吐蕃交恶，当时的宰相李泌提出与回纥联合，同时与大食和天竺结盟，以困吐蕃的政策，唐德宗还将咸安公主嫁给回纥合骨咄禄可汗为妻。此时，唐与回纥商贸往来极其频繁，在往来的货品中，茶的比例可能并不是很高。一来西域

3世纪　青铜茶锅
和茶叶　西藏阿里
地区故如甲木墓
地出土

的饮茶习惯尚未如中原般普及，最先饮茶的人应该也是最先接触到中原文化的王亲贵族，茶叶的需求量并不大，这就难怪《封氏闻见记》的作者封演看到回纥人用大批良马市茶而归而觉得"亦足怪焉"了。更奇怪的是与回纥比邻的吐蕃。在很长一段时间里，人们论及藏地饮茶的历史总是从唐太宗时期文成公主入藏开始，2014年的一项考古发现却把藏地饮茶的历史提前了三四百年。

　　2014年，西藏阿里地区故如甲木墓地中出土了3世纪左右的茶叶，此时正是中原的东汉末至魏晋。在西藏西部被吐蕃征服以前的相当长的时期内，唯一长久占据这一地区并建立国家的就是象雄古国。这些茶及茶器的主人应是象雄古国的王室或贵族。

虽然早在3世纪藏地就有茶出现，不过从目前的考古看，并没有此时茶在藏地流行的证据。象雄国资源匮乏，很多东西依赖内地输入，也许这些茶和茶具只能算是个别现象。

14世纪索南坚赞撰写的《西藏王统记》明确记载："茶亦自文成公主入藏土也。"这条记录因年代较早，又记于西藏正史之中，被后世许多学者采信。7—8世纪，中原茶叶大量进入吐蕃。《唐国史补》中也记载了唐德宗年间常鲁公出使吐蕃，在帐中烹茶的情景。赞普指着茶问常鲁公这是什么，常鲁公回答说："涤烦疗渴，所谓茶也。"赞普一听当即表示他也有。就命人拿出很多茶，并一一指出寿州、舒州、顾渚、昌明等地的茶。赞普拿出的都是唐代知名茶产区的名茶，说明在8世纪末，流入西藏的名茶已然不少了。

纵观历史，不同文化间的碰撞与交融，移风易俗的影响和改变，常见的方式无非两种：战争和贸易。两者方式就如同烹饪美食的武火和文火，在食材上留下的痕迹和滋味是截然不同的。我时常感叹，茶作为春天萌发的嫩芽，却有着惊人力量和容量，无论在"欸乃一声山水绿"的江南还是在"春风不度玉门关"的塞外，遇到的不论是"国际友人"还是"国家敌人"，它都能春风化雨，滋养众生。

素手啜新茶，
高光下的女主角

不可否认的是，我们处在一个日新月异的时代，一直以来我们好像已经习惯于时代下的宏大叙事，但我想告诉人们的却是透过一片小小的茶叶、一只简单的茶碗、一幅文人诗画都可以看到的事实：那些在久远年代伴随人们生活的器具和习惯不仅是一个大时代的产物，更映现的是那些活生生的个体的面貌以及他们的精神底色。借由茶我们可以走进他们的日常，与他们对话，尝试去窥探他们的心事，感受他们的气息，但凡有所得，都令人欣喜。

可能因为自身是女性，对于那些有女性身影闪烁其中的材料，我会格外关注。我发现相比宋元明清，唐代那些与茶相关的女性形象显露出与其他时代女性不同的风范。更重要的是，她们的每次"亮相"都为我们带来丰富的时代气息。

白居易的《琵琶行》是千古名篇，大部分人只对其中描写音乐的部分印象深刻，但同样一首诗，研究茶学的人可能会读出不一样的信息。《琵琶行》中的女主角不仅是乐艺超群的琵琶表演艺术家，也是一位茶商的妻子。"门前冷落鞍马稀，老大嫁作商人妇。商人重利轻别离，前月浮梁买茶去。"这里出现的"浮梁"在《茶酒论》中也出现过。在唐代，"浮梁"是家喻户晓的茶叶产区，今天它所属的市则更有名——被称为"瓷都"景德镇。

陆羽在《茶经》中所列的唐代八大产茶区中，浮梁属于浙西茶区中的歙州产区。浮梁茶叶产量很大，《元和郡县图志》记载：唐元和八年（813年），浮梁年茶叶产量高达七百万驮，缴纳茶税十五余万贯。茶叶的产量大，对于商家来讲当然有利可图。琵琶女的丈夫"重利轻别离"，能抛下娇妻而追逐的利益到底有多大呢？

左图 ‖ 今日之浮梁古城

右图 ‖ [明] 仇英《浔阳琵琶图》 故宫博物院藏

依据地理优势，浮梁不仅是优质茶叶产区，更是唐代茶叶贸易的集散地，当时赣东、皖南、浙西、闽北一带的茶叶都会运往浮梁进行交易。浮梁还有一个得天独厚的条件，发源于安徽祁门县大山深处的昌江，上游山高水急适合小船通行，流经下游浮梁境内时水道变宽，非常适合大船通行。以昌江为轴心的水系为茶叶运输和贸易提供了非常便利的条件。《茶酒论》中"浮梁歙州，万国来求"的盛况也并不夸张，那时西域一带每年从浮梁运销的茶叶就有十几万驮之多。《膳夫经手录》也如此记述："饶州浮梁茶，今关西、山东间阎村落皆吃之，累日不食犹得，不得一日无茶也。其于济人，百倍于蜀茶。"浮梁茶被大量贩卖到北方各地，成为人们每日不可或缺的必备之物。这样有利可图的生意，自然让商人趋之若鹜，离开娇妻个把月也就不足为奇了。

这是唐诗中与茶相关的"女主角"。在唐朝绘画作品中，与茶相关的"女主角"虽数量不多，但在茶画中出现的频率绝对算高。唐代流传至今的绘画（包括后世临摹的作品）数量稀少，其中我知道的画面中明确涉及饮茶场景的作品包括《萧翼赚兰亭图》《宫乐图》《调琴啜茗图》，算上新疆吐鲁番阿斯塔那 187 号墓出土的明器屏风图中的《托盏仕女图》在内也只有 4 幅而已，但 4 幅茶画中涉及女性饮茶的就有 3 幅。

收藏于台北故宫博物院的《宫乐图》，创作者不明，但应该是出自受张萱、周昉风格影响的宫廷画家，也有人推测这幅画原本应是宫中使用的装饰屏风，后来被收藏者装裱成了挂轴。画面中十位贵妇宴饮，贵妇们高绾发髻，衣着华丽雍容，她们环案而坐，姿态各异，其中四位贵妇分别弹奏着琵琶、古筝、笙、筚篥等乐器在助兴，两名侍女站在长案边侍候，桌案下还有一只小狗似乎听得入迷。

贵妇手上捧的茶碗形制和江苏连云港出土的越窑青瓷璧形足茶碗非常类似。这种敞口、玉璧足的浅碗是唐代中晚期流行的茶碗形制。陆羽《茶经·四之器》中讲到茶碗，第一句就是"碗，越州上"。陆羽认为越州窑的茶碗是一等的，因为越窑瓷釉色青，"类玉类冰"，衬得"茶色绿"。在这幅《宫乐图》中，贵妇手中的碗正是"类玉类冰"的越窑瓷碗。桌案右边的一个贵妇正在拿着长柄的勺子，把煮好的茶分在茶碗里。虽然也有人提出画中丽人们饮用的不只有茶，还有酒，但这幅《宫乐图》更多的还是被当作唐朝饮茶的绘画来欣赏和研究的。

收藏在美国纳尔逊·阿特金斯艺术博物馆的《调琴啜茗图》也是一幅琴与茶相得益彰的画作，传为唐代周昉所作。《调琴啜茗图》一共画了五个人物，三名贵族女子和两名侍女。整幅画面以正背对着观者的红衣女子为中心线，左右两边各安置两个人物，人物之间靠姿态和眼神呼应勾连，这种以一个物体为中轴线，两侧各自安排陈列的构图，与同为唐代传世名作的《五

左上图 ‖ [唐] 佚
名《宫乐图》 台北
故宫博物院藏

左下图 ‖《宫乐图》
（局部）

右图 ‖ [唐] 越窑
青釉浅底瓷碗 中国
国家博物馆藏

牛图》相似。巧妙的是,《调琴啜茗图》在构图中轴线的红衣女子两侧画了两株树,一来说明场景是发生在室外,二来打破了原有的平衡而又形成了新的平衡。

如果我们按照古人看画的习惯展开这幅手卷,首先看到的是一位侍女,她双手捧着茶盏正要端给身前的白衣女子,但这位白衣贵妇却没伸手去接,而是身体微微右倾,像是正深切地期待着什么。她的右侧是一位红衣贵妇,这位红衣贵妇在整幅构图的中间位置,她背对观者而坐,手中捧着一个茶盏。和白衣女子一样,她的身

[唐]（传）周昉《调琴啜茗图》 美国纳尔逊·阿特金斯艺术博物馆藏

体微微向左倾斜，这样很自然地把人们的视线引向了她的左侧。

随着画面再展开，本幅画的主角，即调琴的女子就出现在我们的视野中了，这位绿衣红裙的女子正坐在一块石头上调琴，可以想象她将有一段精彩的演奏。调琴女子正对前方，是所有人的视线所集中的地方，自然也是这幅画的焦点。

展卷到最后，也就是画面的最左侧，站立了一个侍女，她手捧着茶盘，茶盘上放置的物品因为时代久远已

［唐］《托盏仕女图》
吐鲁番阿斯塔那墓
地187号墓出土

［唐］（传）周昉《调
琴啜茗图》局部

中国人的茶事

经不好辨认了。但也不难猜出托盘上的物品。仔细看中间这位红衣女子捧茶盏的姿势，她用一块手帕垫着茶盏来喝，说明茶盏很烫。画面最右边的侍女也是用手指托着茶盏，原因也是因为茶盏很烫。难道唐代丽人们都是这样喝茶的吗？当然不是，否则就不会有茶托的发明了。唐代的茶盏配有茶托，出土的很多文物都可以证明。所以《调琴啜茗图》画面最左边侍女茶盘上放的东西应该是茶托。

标准持盏饮茶的方式可以参见吐鲁番阿斯塔那墓地187号墓出土的《托盏仕女图》的示范。

托盏仕女右手优雅地拿着茶托的边缘，左手轻轻抵在茶托的底部，茶盏则放在茶托之上。这幅《托盏仕女图》是新疆吐鲁番阿斯塔那墓地187号墓出土的一组唐代美女明器屏风中的一部分，屏风是一组唐代贵族女子群像，这位托盏的侍女站在一位正在下棋的贵族妇女身后，小心翼翼地捧着茶。茶托为高足盘形，茶盏置于茶托的中间部位。

说起茶托，虽然考古证明早在唐代以前就已出现，但十分有趣的是，李匡乂却把茶托的发明权给了一位唐朝女子。李匡乂《资暇集》记载，780年至783年的时候，西川节度使崔宁的女儿也喜欢喝茶，当时的茶是直接端起杯来喝，刚烹煮的茶汤盛于杯中很烫手，她便动了脑筋，取了个碟子，将茶杯放在碟中。虽然这样不烫手了，可是碟的大小与杯并不吻合，使用起来也常杯倾茶溢。崔宁之女并不甘罢休，她又想出了一个窍门：在碟里熔化些蜡，再把茶杯放上去，这下终于固定了。后来她又叫工匠用漆制环以代蜡，如此既能使茶杯固定，又能让杯、托分离。自此之后，这一发明广为流传，"人人为便，用于代"。自茶出现，茶器就一直顺应人们饮茶方式的变化而改良，却鲜见有名有姓的发明者或改良者被记录下来，如此说来，无论茶托是不是这位崔姓女子发明的，都可以看出唐朝女性在茶事活动中的参与程度已经很高。

女性饮茶图占据了唐代饮茶相关绘画作品的绝大多数，而且如果有机会把这几幅描绘唐代女性饮茶场景的画作同时摆在眼前，相信所有人都会发现它们有一个共通之处——画面中男性形象集体缺失。这并不是一个主次的问题，而是画面中丝毫没有男性的影子。女性如此"高光"且"高频"亮相，不得不让我们对唐代茶事活动中的女性形象"刮目相看"，并探究其时代背景和文化因素。

略知中国美术史的人不难注意到，唐以前流传下来的绘画经常采用女性题材，比如被认为是汉代画像典范的山东武梁祠画像石中一系列女性历史人物被画在帝王和忠臣孝子之前。魏晋南北朝时期三幅流传下来的经典画作——《女史箴图》《洛神赋图》《列女仁智图》都是以女性为主的画作。然而这些绘画作品的功能却与我们提及的唐代画作略微不同，前者是带有叙事功能的画作，

目的要么是规劝宫中女子的行为，要么是表现文学作品里的场景，而唐代这几幅涉及女性饮茶场景的画作没有故事性的情节，也没有规劝教导的意味，常常是一幅画或屏风完全被丽人们占据，构成独立的、纯粹的女性空间。这种画作在唐代被大量复制和生产，而创作这些画作的唐代画家也享受了后世画女性题材的画家们无法企及的殊荣。张彦远的《历代名画记》记载了会昌元年（841年）前的206位唐代画家，朱景玄的《唐朝名画录》将124位唐代画家分列"神、妙、能、逸"四品。两本书都把张萱和周昉这两位唐代专长画女性题材绘画的画家评价为"大师"，对两人描绘"宫苑仕女"和"闺房之秀"的画作推崇备至，甚至评为"神品"和"妙品"。由此甚至可以说，那些不为宗教和政治服务的丽人画作进入

左图‖[宋]佚名《饮茶图》 美国弗利尔美术馆藏

右上图‖[宋]王诜《绣栊晓镜图》台北故宫博物院藏

右下图‖[宋]苏汉臣《妆靓仕女图》（局部） 美国波士顿美术博物馆藏

中国人的茶事

了高等艺术的行列。

　　到了重视儒家正统地位的宋代，风向则发生了变化。宋代米芾和郭若虚在相关画论里，抬高了重视自然山水的文人画，而把仕女画看作"低等"之作，而这种抬高和贬损直接将明清仕女题材的画作推入了商业绘画和宫廷绘画的领域，如此一来，"仕女画"渐渐成为隶属于职业机构的画师（如唐寅、陈洪绶等仕途坎坷、以卖画为生的独立画家）惯常使用的题材。正统的文人画家将画仕女画视作偶尔为之的"消遣之作"，登不上大雅之堂。

　　在清代，擅长画美人甚至会成为文人仕途之路上的阻碍，如乾隆朝的进士余集官拜翰林院侍读，人们普遍认为他的才华可以夺魁，结果却是乾隆皇帝"以（其）善画美人，故抑之"，即便美人题材在清宫廷画中极其盛行。

　　据此再来看唐以后涉及女性饮茶场景的画作，我们再难看到《宫乐图》中闹作一团喝茶喝到"微醺"的美女群像，也不会看到《调琴啜茗图》中因为茶盏太烫宁可用手帕垫着也不放下的丽人形象。和唐朝"抓拍"式的生动形象相比，在宋元明清画作中，端坐喝茶的女子像是一种静态的"摆拍"，她们或姿态端庄、笑容娴雅，或沦为男主角的陪衬，或成为画外男性的欣赏对象，再难回到唐时女性短暂的"高光"时刻了。这就是我们从茶画中读到的一个时代为今天的我们呈现的面貌。

第三章

宋 代

无论是制作加工工艺

还是点茶的手法，

抑或是一款茶的命名，

我们都可以在宋代

看到一种近乎艺术的表达。

精工细作宋时茶

　　一说起中国人饮茶的历史，总是会概括成三段式——唐代"煮茶"，宋代"点茶"，明以后"泡茶"。这种概括非常简单粗暴，只强调其不同，忽视了其中的流变，也让人疑惑变化因何而起，为什么会如此变化。其实，历代饮茶的历史就像江河流水，虽两岸风景各异，却总有川流一以贯之。

　　宋代的制茶方法大致延续唐法，不同的是宋代制茶更注重细节品质，显得愈发精细。我们不妨将宋代制茶法与陆羽《茶经》中记述的唐代制茶法做一个比较，以探其都继承了什么，又做了哪些改进。

　　《茶经》中记述唐代制茶主要有七道工序，即"采之、蒸之、捣之、拍之、焙之、穿之、封之"，最后的"穿""封"属于茶叶制成后的包装工序，其他五道制茶工序，宋代基本继承，不同的是每道工序都按更高的标准进行。唐代采茶时节以明前、雨前为佳，贡茶因为要赶上皇家的清明宴则更讲求"新"。到了宋徽宗宣和年间，对"新"的要求发展到无以复加的地步，要在头一年的腊月进贡"头纲茶"，也就是说在冬至的时候就要喝到来年春天的新茶，真真正正地跑在了时间的前面。当时有茶农用硫黄之类催发小株茶树，或者浸泡茶籽发芽，用这种违反自然规律或者掺假的方式迎其所好，所幸这种采摘要求在北宋徽宗之后没有继续下去，惊蛰和春分仍是宋代采茶最重要的两个节气。除了早，宋代茶叶采摘的标准也提高了。唐代陆羽认为采茶是"有雨不采，晴有云不采"，宋代则提高要求至"阴不至于冻，晴不至于暄"，采茶的时刻也有要求，"不可见日"，即要在日出之前，而且采茶时要用指甲掐断而不能用手指接触茶叶，因为用指甲可"速断"，手指则有体温，温度高茶易损，而且手指容易"气汗薰渍，茶不鲜洁"。

在采摘之后蒸青之前，宋代制茶相比唐代还多了一道"拣茶"的环节，也就是对摘下的鲜叶再进行一遍选择，剔除那些可能有损茶的色香味的茶叶，比如"一鹰爪之芽，有两小叶抱而生"的"白合"，"新条叶之抱生而色白"的"盗叶"，"茶之蒂头"的所谓"乌蒂"。白合和盗叶会令茶汤味道涩淡，乌蒂则会损害茶汤的颜色。南宋中期之后，拣茶环节还要剔除那些紫色的茶叶，这和陆羽的标准有所不同。陆羽在《茶经》开篇中就有一句"紫者上，绿者次"的标准，然而宋代人点茶尚白，认为紫色的茶叶有害茶汤的颜色，所以在分拣时要去除不用。

拣茶后，将茶叶洗涤干净就要进行"蒸茶"，也是杀青、停止茶叶发酵的一种方法。这道工序唐宋皆同，只是宋人蒸茶更讲究火候，不能蒸不熟，也不能蒸得太过，认为不熟与过熟都会影响茶汤的滋味和颜色。

宋茶制作中的一道关键工序是"研茶"，就是要将茶叶加工成粉末或者糊状，这对应的是唐茶制作中的"捣之"。唐人要求"蒸罢热捣"，宋人则是"研膏惟熟"，看似好像差不多，但一个"捣"一个"研"，精细程度是有差别的。宋人在研茶之前还要将茶叶中的汁液榨干净，这一点也与唐茶的制作非常不同。唐人捣茶要"叶烂而芽笋存焉"，并不是越细越好，而宋茶，以北苑贡茶为例，要"尽去其膏（茶中的汁液）"，这也许是因为北苑贡茶的产区福建相比唐朝贡茶主要产区湖州等地，产出的茶叶内含的物质更为丰富，用宋朝赵汝砺在《北苑别录》中的话来说，就是"盖建茶味远而力厚，非江茶之比，江茶畏流其膏，建茶惟恐其膏之不尽，膏不尽，则色味重浊矣"。榨茶就是要尽量去除茶叶中苦涩的味道，并让茶汤呈现出尽可能白的颜色。要将茶叶中的汁液榨干，在当时并不容易，相当费工费时：洗过的茶叶蒸完后，先进入"小榨"榨干水分，再入"大榨"榨出膏，然后用布帛包裹，束以竹皮，再一次进"大榨"压之，到半夜将茶叶取出揉匀，再如前重新入榨，即所谓"翻榨"。如此这般，彻夜劳作，直到将茶叶的汁液榨干为止，这时候才到真正的"研茶"工序。宋人对末茶的细腻程度要求甚高，研茶须加水研磨，每加一道水，茶粉就会更细，于是加几道水成为衡量茶叶品质的一个重要参考标准。宋代贡茶名列第一纲的龙团胜雪和白茶的研磨工序是"十六水",其余纲次有"十二水""六水""四水"之分。研茶,只有强壮有力的人才能胜任,但即便是孔武有力的青壮年,"六水"以下的茶一天也只能研三到七饼,如果是"十二水"的茶,一天只能出一饼而已。研茶除了要求工人强壮有力之外,对于个人卫生也有严苛的要求:"研茶丁夫悉剃去须发,自今但幅巾,洗涤手爪,给新净衣,吏敢违者论其罪。"单从"研茶"这一道工序,就能看出宋人制茶之精工细作简直到了无以复加的程度,远超唐代制茶标准。

同样是入模制作茶饼,宋茶也比唐茶更为讲究。唐茶的棬模一般为铁制,取其实用。而宋人则以铜、竹,甚至银制作棬模,以发挥不同材质的优点。棬模的样式也更为多样,贡茶的棬模上多数还刻有龙凤图案,异常精美。

和唐茶一样,宋茶制作的最后一道工序也是焙茶。宋茶不是只焙一次,要先用炭火烘焙,再用水蒸气熏蒸,取出后再焙,如此反复三次,再烘焙一晚。第二天用文火慢烘,焙火的次数和时间根据茶饼的厚薄而不同,有时多至 10—15 天,薄的也得 6—8 天。至此,复杂的制茶流程才宣告结束。从以北苑贡茶为代表的宋茶制作流程可以看出,宋人延续了唐代的制茶流程,但每一道工序都力求极致,而且会根据不同茶叶产区茶青的特点灵活调整,以达到最佳的品饮要求。

小鳳
銀模
銅圖

瑞雲翔龍
銀模
銅圖
徑二寸五分

大龍
銅圖

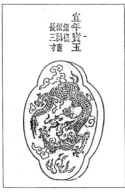

宜年益玉
銀模
銅圖
長直三寸

與國嚴捑芛
銀圖銀
銅圖銀模
徑三寸

長壽玉圭
銀模
銅圖
寸直長三

新收捑芛
銀模
銅圖
此鑑捑技
條脫説郶
分寸圖

太平嘉瑞
銀模
銅圖
徑一寸五分

無比壽芛
銀模
銅圖
方一寸二分竹

然而，拥有如此复杂制作流程的北苑贡茶还不是宋茶中最奢华的。北苑茶中还有一种"蜡面茶"，它也是流行于宋代的一类茶，有时也被称为"蜡茶"或"腊茶"。蜡茶的特别之处是在制作时加入了名贵的香料膏油，烹点之后茶汤上常浮有一层油脂，看起来像是熔化的蜡油，因此被称为"蜡面茶"。蜡面茶其实在唐朝就已出现，在宋朝因其"制作不凡"而冠绝一时。蜡面茶在制作时首先要挑选北苑上等的茶叶嫩芽，先碾碎，放入罗筛中筛细，再加入沉香、龙脑等名贵香料制成茶饼，待到茶饼干了之后还要再抹上一层香膏。上等好茶再加上名贵的香料，蜡面茶自然价格不菲。《南窗纪谈》中如此描述："犹未有所谓腊茶者，今建州制造，日新岁异。其品之精绝者，一饼直四十千，盖一时所尚，故豪贵竞市以相夸也。"富豪之家以买到蜡面茶来炫耀财富，也让蜡面茶名噪一时。

宋朝还有一类茶出现在南宋刘松年所绘的《茗园赌市图》中，画中一个货郎一手搭着茶担一手掩嘴似在吆喝卖茶，茶担的一头贴着"上等江茶"的招贴。"江茶"是宋代对江南诸路茶的统称，是一种散茶。南宋李心传所写的《建炎以来朝野杂记》中说："江茶在东南草茶内，最为上品，岁产一百四十六万斤。其茶行于东南诸路，士大夫贵之。"元代王祯所著的《农书》中记载有宋代散茶的制作方法：采下的茶青要用甑微蒸，蒸的程度要恰到好处。蒸完后装入筐箔薄薄一层摊开，趁着湿润揉捻，然后焙火烘干，焙好用箬草裹好以收火气，这样散茶就制作完成了。明清甚至今天蒸青绿茶的制作方法与这种方法基本相同。

　　无论宋茶制作如何费时费工不计成本，它也并未脱离唐代制茶的基本工序，但相较于唐茶，制作工艺附加在宋代上品茶上的价值和重要程度显得更为突出。从积极的一面来看，宋代制茶工艺精益求精，无论是理论层面的探索还是实际经验的积累，都为明清制茶工艺的发展做了充足的准备，就算是其中的"教训"，也成为后世宝贵的财富。

《大观茶论》里的"盛世清尚"

对于多才多艺的宋徽宗来说，茶，也许不是最重要的，然而对于想了解宋朝饮茶历史和文化的人来说，徽宗却十分重要。这个重要性不仅在于他以皇帝的身份写了一部茶书《大观茶论》，更在于这部茶书的专业性并未因是皇帝所写而大打折扣，反而因为这位艺术皇帝的"金手指"，让饮茶这件事呈现出了不一般的"气质"，并深刻影响了当时的茶事。

《大观茶论》开篇，徽宗写了一段他对茶的理解，和陆羽的"茶，南方之嘉木也""最宜精行俭德之人"等朴素的观点不同，徽宗认为："……茶之为物，擅瓯闽之秀气，钟山川之灵禀，祛襟涤滞，致清导和，则非庸人孺子可得而知矣；冲淡简洁，韵高致静，则非遑遽之时可得而好尚矣。"也就是说，在徽宗心目中，茶汲取了闽越的灵秀，拥有名山大川的性灵，可以清除郁结、打开胸襟，引导人们到达清静平和的心境，且这些好处从来就不是庸常之人或是毫无阅历的小儿所能得知的。茶清白无瑕、高雅的韵致有安抚人心的力量，但这些又是在惶恐不安的时候难以体会的。

　　基于徽宗所说，我们就不难理解宋人为了让茶更"白"所付出的努力，以及对茶"至鲜""至净"的追求，其中一些标准和要求即使是现代的我们看来也是可望而不可即的。比如《大观茶论》中《采择》一篇说道："撷茶以黎明，见日则止。用爪断芽，不以指揉，虑气汗薰渍，茶不鲜洁。故茶工多以新汲水自随，得芽则投诸水。"短短一段话，其实包含了三个重要的信息：采茶不见日是为了让茶叶更白、减少苦涩度，使味道更鲜爽；用指甲断芽，是为了茶叶的清洁；把采好的茶叶放进水里，是为了保鲜。以上要求在以炒青为主的今天是不可想象的，因为会给后续的环节增加很大难度。《大观茶论》中对鲜的追求，以及"芽茶、一芽一叶、一芽两叶"的分级标准不可避免地影响到今天

很多喝茶人对茶叶细嫩程度的追求，以茶叶原料的等级决定茶叶成品的等级渐成如今的常态。另外，不同于现代在茶叶制成之后再拣黄片等影响茶叶外观和口感的茶叶的做法，宋人将拣茶的工序放在蒸压工艺之前，此种做法更加科学，因为制后再剔拣对茶叶整体内质的影响已然形成，之前和之后拣茶存在着本质的差别。徽宗特意提到要在拣茶的过程中去除"乌蒂"，也就是那些因为制作不及时，茶芽断处氧化而变黑的蒂头，剔除这些"乌蒂"的原因则是恐其有害茶色，这就不得不说到宋代饮茶对"白"的追求。

多数人饮茶是为了追求口感和香气，但宋人却将"白"等视觉维度的对美的追求引入了对茶的品鉴之中，这不能不说是宋人的艺术性在饮茶中的表达。可以说，"白"是贯穿在《大观茶论》里的一大终极追求，甚至这种视觉被排在了味觉之前。"纯白为上真（通珍），青白为次，灰白次之，黄白又次之。天时得于上，人力尽于下，茶必纯白。"徽宗尤其推崇福建北苑的"白茶"，白茶叶莹如纸，以白取胜，如果精工制作，"则表里昭澈，如玉之在璞，他无与伦也"，以至于这种在民间被称为"白叶茶"的茶树小品种一跃成为贡茶的上品。

从《大观茶论》的很多篇章中都能看出徽宗对"白"的执念以及对任何妨碍茶色的因素的摒弃。如《天时》一章，说如果茶芽生长迅猛，茶工因制茶时间紧迫而误工，导致蒸茶之后不能及时压黄榨茶，榨茶之后不能及时研茶，研茶之后不能及时压饼，造成茶叶堆积，茶的色泽、滋味都会损失一半。所以负责最后一道焙茶工序的茶工如果能得到制茶的天时，就会认为是上天的恩赐。

说到"罗碾"，他认为生铁制成的茶碾"间有黑屑藏于隙穴，害茶之色尤甚"，建议"银为上，熟铁次之"，而罗茶一定要轻且平，不怕多罗几次，经过多次的罗筛，点汤之后茶末才会漂浮，茶汤表面的沫饽才会像粥一样凝结，尽显茶的色泽。徽宗为了让茶汤白上加白，而配以含铁量大的青黑色的茶盏，"取其焕发茶采色也"。

《蒸压》一章更是如此，徽宗认为茶之好坏，主要在于蒸芽的工序是否处理得当。茶叶蒸得太生或太熟都会直接影响茶的色泽和滋味，最好的程度是"蒸芽欲及熟而香，压黄欲膏尽亟止"，即蒸茶以刚刚散发出香气为佳，榨茶压黄以茶叶中的汁液刚好压尽就停止为好。我们必须看到在这一点上，徽宗再次展现了与陆羽不同的观点。陆羽在《茶经》中论及制茶的方法，强调"畏流其膏"，唯恐茶青中的汁液损失掉，而徽宗则认为在茶饼的制作过程中，要尽量榨尽茶叶中的汁液，否则会色浊味重。虽然在《大观茶论》中，徽宗总会把"色"和"味"放在一起，似乎一损皆损，但我们可以想象一下，茶叶中的汁液榨取干净之后还有什么滋味可言呢？无怪乎到了南宋，宋人终于不再用眼睛而是用嘴巴来喝茶了，不再觉得纯白为上，承认就蒸青绿茶而言，微绿的茶叶味道比白色的好，"正焙茶之真者，已带微绿为佳"，这才回归了喝茶的本质。

说到喝茶，用什么方法喝才能配得上如此精工细作的茶呢？《大观茶论》里非常详细地记录了宋代的点茶法。精工制作的茶饼，喝，自然是要讲究地喝，这就涉及用什么样的水。在用水方面，徽宗难得显得务实。首先，他并不迷恋名泉，"古人第水，虽曰中泠、惠山为上，然人相去之远近，似不常得。但当取山泉之清洁者。其次，则井水之常汲者为可用"。在"至鲜"原则下，点茶应选用身边容易获得的新鲜的水。徽宗

认为好水的原则是"清、轻、甘、洁"。"清""洁"是
水可饮用的基本要求,"轻""甘"则是不同水源特具
的属性。"轻"表示水中矿物质含量较低,"甘"则表
明水清甜甘爽。清代乾隆皇帝用特制的银斗盛水称重,
量轻者为好水,可以说是徽宗这一"轻"的概念用工
具量化的尝试。不同于陆羽认为的"山水上,江水次,
井水下",徽宗认为江水不适宜点茶,因为"江河之水,
则鱼鳖之腥,泥泞之污,虽轻甘无取",这也可以看作
是徽宗"至净"原则的体现。

水煮到表面鱼目、蟹眼连续翻滚,此时就可以点
茶了。关于点茶的方法,徽宗给予了它最大的篇幅,
本应行云流水一气呵成的点茶动作,被分为了七个步
骤,如同一种行为艺术。首先是调膏,擅于此道的人
会根据茶量注入适量的沸水,先将茶末调成膏状,使
其有一定的浓度和黏度。再沿茶盏壁注水,不能让水
浸入茶膏。用茶筅搅动时不可用猛力,要逐渐增加击
拂的动作,手轻而茶筅用力,手指和手腕一起回旋,
这样茶汤上下通透,就像用酵母发的面团,茶汤表面
如同点点星辰和皎皎明月,沫饽灿然而生,这是第一汤。
第二汤沸水要从汤面注下,沿茶盏壁注水一周,急注
急止,不可扰动汤面,然后用力击拂,此时汤色逐渐
开朗,如珠宝晶莹闪烁。第三汤注水量和第二汤相当,
这时击拂要渐渐轻巧均匀,周旋回转,使茶汤内外通达,
粟粒状和蟹眼状的沫饽相伴出现,此时,茶汤的色泽

已经显出六七分了。第四汤注水要少，转动茶筅的动作
要缓慢，茶的精华和本真焕然而现，轻云渐生。第五汤
的注水可以稍微随意些，转动茶筅要轻盈，如果汤花没
有发起来，可以略加敲击使之兴起。如果汤花发得过多，
可以用茶筅使之收敛一些，这样茶汤如同山峦上蒸腾的
云气或像积雪一样凝集，茶汤的色泽则完全呈现出来。
到了第七汤，其实是对之前的动作做最后的检视和弥补，
此时要看茶汤轻重、清浊的情况，观察汤花是否稀稠疏
密恰到好处，这里徽宗指出了一个很重要的关键点，即"可
欲则止"，意思是符合自己的喜好就可以停止了。

　　茶，终究还是要品其滋味的。什么才是茶最完美的
滋味呢？徽宗在《大观茶论》中认为"甘香重滑，为味
之全"，而且他强调所谓"旗枪"，也就是采摘时芽和叶
的状态对滋味的影响，这一点深刻影响了今天武夷山地
区的茶叶采摘。除了味道外，茶的香气也是带给我们愉
悦感非常重要的部分。"茶有真香，非龙麝可拟"，徽宗

欣赏茶中未经人为、最本真的香气。自宋在建安（今福建建瓯）修贡以来，建安民间茶人自己试茶从来不添加香料，却在贡茶里"微以龙脑和膏，欲助其香"。究其原因，可能是采摘过嫩的茶青，内含物质不够丰富，滋味香气不全，直到徽宗宣和初年，贡茶不再添加龙脑等香料。熊蕃在《宣和北苑贡茶录》里如实记录了这一变化："初，贡茶皆入龙脑，至是虑夺真味，始不用焉。"徽宗是真正懂得茶之本味的茶人。

读《大观茶论》之《鉴辨》一章，颇有感触。徽宗提到近来有贪利的茶农，收购"外焙"（即官焙以外的民间茶焙茶园）的茶芽，将已经制成的外焙茶饼重新研碎，用与官焙相同的茶模重新压饼，仿冒官焙茶饼。看来高高在上的徽宗皇帝跟我们一样，在习茶路上也踩过不少坑呢。他主张，鉴茶如鉴人一样，有的茶表面光鲜内在灰暗，有的茶则外表质朴而内里洁净，不能依靠表面一概而论。只可惜，从历史上看，徽宗鉴茶的功夫比鉴人高明。

《大观茶论》共计二十篇，从天时地产、制作人工、各式茶器具，到色香味、鉴辨、收藏、品名等，可以说凝结了一位茶人一生饮茶的经验。徽宗自己也说这本《大观茶论》是他利用空闲的日子，探究茶的精妙所得，从中认识到不为世人所知的利益与损害，因而写下这二十篇，称之为《茶论》。他自己也知道当时制茶"采择之精，制作之工，品第之胜，烹点之妙，莫不咸造其极"，然而他也把人人雅好饮茶当成自己的一种"政绩"了，认为人们安于逸乐当然是在解决了日常温饱之后才能有的享受。"而天下之士，厉志清白，竞为闲暇修索之玩，莫不碎玉锵金，啜英咀华。较箧箧之精，争鉴裁之妙，虽否士于此时，不以蓄茶为羞，可谓盛世之清尚也。"在他的治理下，天下的士人意志充沛、品行清白，竞相探索优雅从容的雅好，即便是质朴的人处在这样的时代，也不以藏有茶叶而羞愧。在徽宗看来，茶带给世人极致的精神享受正是他治世的优雅标签。

对于什么是艺术，托尔斯泰在《论艺术》中写道："文艺创作是艺术家在自己的心里唤起曾一度体验过的感情并且在唤起这种感情之后，用动作、线条、色彩、声音及言词所表达的形象来传达出这种感情，使别人也能体验到同样的感情——这就是艺术活动。"回看徽宗《大观茶论》里的宋代点茶，无疑是中国茶最接近艺术的一次尝试。

宋茶的流行与经典

宋朝制茶仍是延续唐朝的制茶方法，而宋人饮茶时的"点茶"却似乎和唐代的"煎茶"大相径庭。为什么宋会流行起"点茶"呢？我们依然可以从陆羽的《茶经》中找到源头。《茶经·五之煮》这样写道：

> 第二沸出水一瓢，以竹筴环激汤心，则量末当中心而下。有顷，势若奔涛溅沫，以所出水止之，而育其华也。凡酌，置诸碗，令沫饽均。沫饽，汤之华也。华之薄者曰沫，厚者曰饽，细轻者曰花，如枣花漂漂然于环池之上。又如回潭曲渚青萍之始生；又如晴天爽朗有浮云鳞然。其沫者，若绿钱浮于水湄，又如菊英堕于镈俎之中。饽者，以滓煮之。及沸，则重华累沫，皤皤然若积雪耳。《荈赋》所谓"焕如积雪，烨若春敷"，有之。

其中对于"沫饽"的描述值得重视，陆羽称其为茶汤的"精华"。薄的称为"沫"，厚的称为"饽"，细而轻的称为"花"。之后陆羽罕见地用大段文字做了一番描述：花，很像漂浮在圆池上的枣花，又像曲折的水边和绿洲上新生的青萍，也像晴朗的天空中鱼鳞般的浮云。沫，像浮在水面上的绿苔，又像掉在酒樽里的菊瓣。饽，是沉在下面的茶滓随着沸腾的水泛起的浓厚泡沫，像耀眼的白雪。如同《荈赋》中所说的"明亮如积雪，灿烂如春花"，确实如此。宋代评判点茶水平高低的标准："视其面色鲜白，著盏无水痕为绝佳。建安斗试以水痕先者为负，耐久者为胜。"这些都是沫饽状态的量化指标。宋徽宗在《大观茶论》里的《点》一章中描写的每一次注水几乎都是在追求"沫饽"，直到最后达到"乳雾汹涌，溢盏而起，周回凝而不动，谓之咬盏"。同时他还引用了《桐君录》的那句"茗有饽，饮之宜人"，并强调"虽多不为过也"，他认为茶的沫饽是多多益善，再多都不为过。由此可以说，宋代点茶法其实是对陆羽《茶经》中所描述的茶汤中的"精华"——沫饽的极致追求。

从当时的茶书中，我们也可以发现"煎茶"与"点茶"这两种饮茶方式流传的蛛丝马迹。经五代入宋的陶穀写过一本《清异录》，后人把其中"茗荈"一节单独辑出称为《茗荈录》。《茗荈录》虽然篇幅短小，却记录了当时名茶、著名茶人、与茶相关的趣事等18条，非常有研究价值。《茗荈录》里名茶出现的地区如顾渚、蒙顶等，甚至在宋代一枝独秀的贡茶区建州，也是陆羽《茶经》里的名茶产区。在《茗荈录》"生成盏""茶

古香室寶藏蔡帖 绢本茶錄

百戏"两节中，可以看到当时的点茶技艺已经相当成熟了。如"茶百戏"中所述："茶至唐始盛，近世有下汤运匕，别施妙诀，使汤纹水脉成物象者。禽兽虫鱼花草之属，纤巧如画。但须臾即就湮灭，此茶之变也，时人谓之茶百戏。""生成盏"中甚至记录山东金乡有一沙弥可以"注汤幻茶，成一句诗，并点四瓯，共一绝句，泛乎汤表"。可以看出，点茶这种饮茶的方法并不是始于宋代，而是早在五代甚至唐末已现雏形，还曾经出现过身手不凡的"奇人"。

唐代后期，气候转冷，唐主要贡茶区的茶树发芽偏迟，而人们却以"新茶"为贵，品质优良的闽地北苑的建茶越来越受到重视，入宋之后北苑就成了贡茶区。这里不得不提到干一行爱一行的蔡襄写出的一部在当时引起轰动的《茶录》。

蔡襄本就是福建人，对茶事颇有研究。庆历年间任福建转运使，并在建州北苑监造小龙团茶，该茶深受仁宗喜爱，次年他所创制的上品龙茶成为岁贡。蔡襄想到前无一人论述过建茶，所以就写了《茶录》两篇进呈仁宗御览。上篇论茶，下篇论器，专从建茶点试角度论述茶的品质、点茶方法以及器具。《茶录》是负责督造贡茶的蔡襄呈给皇帝御览的文章，本不应在坊间造成大的影响，怪就怪蔡襄的书法实在是太好，至和三年（1056年），《茶录》的手稿被蔡襄手下的掌书记偷走了，并被人购得刊刻成书。然而毕竟是盗版书，书中错讹较多。治平元年（1064年），蔡襄就重新用小楷抄录全书并刻石"以永其传"。此外，蔡襄还亲自写了绢本《茶录》。蔡襄名列"宋四家"，世人爱他的书法，摹其石、珍其书，学他书法的同时，就连同书中的点茶法也一并学习了。

《茶录》中建茶的点试之法随着蔡襄的书法一起在社会上流传，点茶之风日渐盛行，尤其流行于知识分子、士大夫中间，成为主流的饮茶方式。仔细读蔡襄《茶录》中论茶器的篇章，却找不到宋代点茶常用的代表性器物"茶筅"，只有"茶匙"。蔡襄论及"茶匙"时说："茶匙要重，击拂有力，黄金为上，人间以银、铁为之。竹者轻，建茶不取。"也就是说在当时，人们点茶时击拂出沫饽的工具还不是茶筅而是茶匙。梅尧臣《次韵和永叔尝新茶杂言》"石瓶煎汤银梗打，粟粒铺面人惊嗟"——"银梗"即"茶匙"，毛滂《谢人分寄密云大小团》"旧闻作匙用黄金，击拂要须金有力"，这些诗句描写的都是宋点茶场景。到了徽宗写《大观茶论》时，已为"茶筅"开辟单独条目，说明到了北宋后期，茶筅已代替茶匙成为击拂的主要工具。《大观茶论》中特别说明了什么样的茶筅是好的：茶筅要用老的箸竹制作；筅身要厚重，帚状部分宜分散且要强劲有力，前端应纤细，整体像剑脊一样。以茶筅代替茶匙，是为了追求丰富的沫饽。了解了这一点，我们就可以理解宋人对茶器的选择和改良。

首先是煮茶器的改变，不同于唐代煮水和煎茶都是在铫子或釜中，宋代煮水和点茶是分开进行的，其中起到重要作用的是汤瓶。汤瓶不仅是点茶用具，也兼具煮水功能，唐代也有类似的执壶。但不同的是，唐代的执壶流短嘴圆，而宋代汤瓶明显流长嘴利。因为宋代点茶注水时，注水要求有力，落水点要准，断水要利。由此造成汤瓶形制的改变。

南宋审安老人于咸淳五年（1269年）以传统的白描画法画了宋代点茶十二件茶具，按宋时官制冠以职称，赐以名、字、号，称之为"十二先生"，并为每位"先生"写了一段赞词，让我们今天不仅可以直观地看到宋

左上图 ‖ [南宋]
白釉贴塑铺首衔环
纹执壶 广东阳江
海域"南海1号"
南宋沉船遗址出水
中国国家博物馆藏

左下图 ‖ [唐] 白
釉瓷茶瓶 1956
年河南三门峡市陕
州区刘家渠出土
中国国家博物馆藏

右图 ‖《文会图》
（局部）

代点茶的典型器具，而且通过研究赞词还可以读到更多信息。比如他称汤瓶为"汤提点"，赞词曰："养浩然之气，发沸腾之声，以执中之能，辅成汤之德，斟酌宾主间，功迈仲叔圉，然未免外烁之忧，复有内热之患，奈何？"从赞词中可以看出汤瓶不仅用于点茶，也会用来煮水。这在宋画当中也得到了印证。

其次，留意徽宗所画的《文会图》的细节会发现，汤瓶不是立在火上烧水，更像是埋在炭里，宋人称作"燎炉"。南宋词人王安中有一首诗《睿谟殿曲宴诗》，记录了宣和七年（1125 年）徽宗在睿谟殿宴请群臣的情景，其中序说："户牖、屏柱、茶床、燎炉，皆五色琉璃，缀以夜光、火齐，照耀璀璨。"可以想象，夜色中五色琉璃做的茶床和燎炉在火焰映照下，与璀璨的灯光交相辉映的样子。

因能衬托点茶沫饽的白，黑釉茶盏大为流行。审安老人的《茶具图赞》中有"陶宝文"，名"去越"，字"自厚"，号"兔园上客"。说它姓陶，说明是由陶土制成的，

"文"通"纹",说明通体有釉纹。名"去越",意思是它不是出自越窑。字"自厚",说明它的胎壁很厚。号"兔园上客",是说这位"陶宝文"先生经常去兔园,身上沾染上了兔毫。到此为止,大家都应该猜到它的身份了,是"兔毫建盏"无疑。赞词曰:"出河滨而无苦窳(意为粗劣),经纬之象,刚柔之理,炳其彬中,虚己待物,不饰外貌,位高秘阁,宜无愧焉。"是不是很形象?

宋代流行点茶,但并不代表宋人全然推翻了前人的煎茶法,喝茶只点茶。大体上来讲,宋人如得到上好的茶叶会首选点茶,煎茶只用于那些品质比较一般的茶,也就是我们今天常说的"口粮茶",如宋王观国在《学林》卷八"茶诗"条所说:"茶之佳品,皆点吸之,芽蘖微细,不可多得,若取数多者,皆常品也。茶之佳品,皆点吸之;其煎吸之者,皆常品也。"

但也有一些文人喜欢借用煎茶来表现一种不从众、不流俗的姿态。比如大文豪苏轼喝茶还保留着家乡蜀地的习惯。他在《试院煎茶》一诗中这样写道:

蟹眼已过鱼眼生,飕飕欲作松风鸣。
蒙茸出磨细珠落,眩转绕瓯飞雪轻。
银瓶泻汤夸第二,未识古人煎水意。
君不见昔时李生好客手自煎,贵从活火发新泉。
又不见今时潞公煎茶学西蜀,定州花瓷琢红玉。
我今贫病长苦饥,分无玉碗捧蛾眉。

[宋]佚名《春游晚归图》 台北故宫博物院藏

且学公家作茗饮，砖炉石铫行相随。

不用撑肠拄腹文字五千卷，但愿一瓯常及睡足日高时。

这首诗的前半段一直在写点茶，后半段则话锋一转，借着唐朝李约煎茶的故事说起了煎茶。这首诗作于熙宁五年（1072年），此时正是王安石被重用变法改革的时候，苏轼对此颇有微词。诗中一句"且学公家作茗饮，砖炉石铫行相随"颇有讽刺的意味。

此外，煎茶和点茶在细微之处还有着清与俗不同的况味。宋代点茶，茶、水、器具都为"点"的结果服务。

宋人享受的是沫饽泛起、华彩焕发的一刻，而不是茶汤被喝下之时。宋代点茶一直是充满着艺术感和仪式感的存在，代表着流行。相比之下，煎茶就以它所承载的陆羽、卢仝时代的古意，代表着一种老派的经典，尤显古雅。宋朝大诗人陆游的《雪后煎茶》云："雪液清甘涨井泉，自携茶灶就烹煎，一毫无复关心事，不枉人间住百年。"林景熙的《答周以农》云："一灯细语煮茶香，云影霏霏满石床。"黄庚的《对客》云："诗写梅花月，茶煎谷雨春。"这样的诗句在宋朝比比皆是。从中我们也能体会到煎茶与点茶不仅有着古今之分，还隐隐透着一种清俗之别。煎茶更有古意，有一种不同于流俗时尚的古雅，更合诗情。从实用角度来看，我们在很多宋代绘画上看到的燎炉都比较大，相比之下风炉就轻巧多了，更方便携带。燎炉用炭，风炉用薪，薪在野外更好获取。因此煎茶更适合两三位朋友一起在山间品饮，也就更有山野之趣了。陆游有诗这样说："藤杖有时缘石磴，风炉随处置茶杯。"可以说，煎茶多见于二三知己小聚清谈，点茶则多见于宴会，包括多人的雅集。宋画中也有反映当时煎茶场景的，如台北故宫博物院收藏的《着色人物图》、辽宁省博物馆收藏的《白莲社图》。

煎茶和点茶本无高低之分，生命却有长短之别。煎茶如今在一些地区尚可见其遗风，但随着宋朝国祚结束，点茶在中国大地上近乎销声匿迹。明朝废团立散短短 100 多年后，明朝训诂学者面对宋书中出现的"茶筅"

[北宋] 张激《白
莲社图》(局部)
辽宁省博物馆藏

这一名词已苦思为何物。宋代点茶消失的原因不外乎三
点：一是制作不计成本的穷奢极欲，平常人家很难承担，
一旦国家经济力所不逮，就很难支撑。二是制作过程和
茶叶的自然属性相违背。宋茶尚白，为了点茶时茶汤更
白，就要求在团茶制作中尽可能地榨尽茶叶中的汁液，
这就使得宋茶的滋味乏善可陈。三是掺假制假，宋代上
品茶制作工艺精益求精，追求极致，工匠早已苦不堪言。
以外焙冒充官焙、偷工减料等屡禁不止，连宋徽宗写《大
观茶论》还要以两章的篇幅专门讲如何鉴别造假的茶，
可见假茶泛滥程度已"上达天听"。"要知冰雪心肠好，
不是膏油首面新"，苏轼在诗中一再提示不要相信那些
抹上香料、油脂的茶饼，而要品其内在。

徽宗所言的"盛世清尚"随着知识分子士大夫群体

的没落，化作历史的尘烟烟消云散，只在一衣带水的岛
国日本残留一脉。

清晨挂朝衣，盥手署新茗

在对待贡茶这件事上，唐宋负责茶贡的官员态度有很大不同。唐朝负责茶贡的湖州刺史们更关注民生，觉得贡茶劳民伤财，而宋朝负责茶贡的历任福建转运使则明显是干一行、爱一行、专一行之"劳模"。在今天看来最明显的是，唐朝历代湖州刺史、常州刺史留下的多是抨击贡茶的茶诗，而宋朝历代负责茶贡的福建转运使不仅留下大量歌咏贡茶的诗词，还写下了诸多茶书，而且一个比一个专业，一个比一个写得精彩，如至道年间（995—997年）任福建转运使的丁谓写的《北苑茶录》，景德年间（1004—1007年）任建安知州的周绛因不满陆羽《茶经》"不第建安之品"，特别写了《补茶经》，庆历年间（1041—1048年）任福建转运使的蔡襄写的《茶录》，熊蕃、熊克父子写的《宣和北苑贡茶录》，福建转运使主管帐司赵汝砺写的《北苑别录》，就连曾主持三司工作的沈括也写了一本《本朝茶法》。除了这些与贡茶有关的官员之外，宋朝各时期的文人也纷纷加入了写茶书的队伍，如宋子安写《东溪试茶录》、黄儒写《品茶要录》、唐庚写《斗茶记》等，这些流传到

今天的宋代茶书半数以上论述的都是北苑贡茶，以至于今天的人们凡论宋茶必说北苑。

宋代贡茶区集中在北苑，但北苑成为贡茶产区却不是从宋朝才开始。943年，五代十国之一闽国内乱，王延政据建州称帝。此时南唐则趁闽国内乱发兵攻下建州，俘虏了王延政。南唐得到建州之后的第二年春天，"命建州制的乳茶，号曰京铤，腊（通蜡）茶之贡自此始。罢贡阳羡茶。"（马令《南唐书》卷二）。因为南唐是以金陵禁苑北苑使领造建州贡茶，所以把所造之茶称为"北苑茶"，出茶之处亦称为"北苑"。北苑一开始并不是地名，北苑茶名最早来自督造建州贡茶的"北苑使"这一官名。北宋丁谓的《北苑茶录》误称地名后，后面便以讹传讹，就真的变成地名了。

北苑贡茶都出哪些好茶呢？在建州，早在唐代就生产一种既蒸又研的茶，被称为"研膏茶"。那些不经过研茶工序的茶就被称为"草茶"。建茶成为贡茶之后，包括在唐朝名满一时的阳羡茶都沦为了"草茶"，感觉低了一等。"自建茶入贡，阳羡不复研膏，只谓之草茶而已"。（葛立方《韵语阳秋》卷五）南唐开始在北苑制作贡茶时，最初是制作研膏茶，继而又开始制作蜡面茶。由此可见，蜡茶之贡也始自南唐。无论是蜡面还是京铤，都是在研膏茶的基础上精加工而成的。蜡面也一度成为建茶的另一代称，宋代程大昌在《演繁露续集》中称："建茶名蜡茶，为其乳泛汤面与熔蜡相

似，故名蜡面茶也。……今人多书蜡为腊，云取先春为义，失其本矣。"宋代从建茶开始演化出尚白的品茶审美标准，从这点看，"蜡面"为本义的可能性更大些。

北苑官焙茶园初成规模，始于北宋太宗初年，北宋高承的《事物纪原》记载：

> 《谈苑》曰："龙凤石乳茶，宋朝太宗皇帝令造。江左乃有研膏茶供御，即龙茶之品也。"《北苑茶录》曰："太宗太平兴国二年（977年），遣使造之，规取像类，以别庶饮也。"

宋代北苑官焙贡茶常被称为"团茶"，这是因为研膏茶多制成团状。宋初制造的贡茶为大龙团、大凤团两款，仁宗时又增加两款新茶，名为"小龙团""小凤团"。

说到"小龙团""小凤团"，就不得不再次说起蔡襄。在历史上，蔡襄一向享有清誉又是能臣，以至于坊间有说法是他代替了奸臣蔡京名列"宋四家"。可能蔡襄自己也没想到，他居然因茶而落下人生"污点"。庆历七年（1047年），仁宗37岁，此时他已经在位25年了，却没有子嗣。对于一个帝王来讲，这是一个未尽的义务，对于国家来说也是一件非常危险的事。经常有大臣劝仁宗从宗族的子嗣中选立太子，仁宗感到非常失落，常常郁郁寡欢。"蔡君谟始作小团茶入贡，意以仁宗嗣未立，而悦上心也。"蔡襄为了让仁宗开心，精工细作创制了小龙团、小凤团茶作为额外的贡茶入贡。第二年，仁宗下诏第一纲贡茶全部贡此更为精细的小龙团。在某些大臣眼里，蔡襄的行为有谄媚之嫌。据说，富弼听说蔡襄的所为，也感叹道："此仆妾爱其主之事耳，不意君谟亦复为此。"没想到蔡襄也做这种仆人小妾讨好家主的事！但可能如同今天上司下属是相互关心的挚友一样，仁宗和蔡襄之间的情谊可能也是旁人无法体会的。蔡襄的字"君谟"就是仁宗给他取的。"谟"是什么意思呢？春秋战国以前的公文中，臣下为君主谋划国家大事为"谟"。在仁宗心中，蔡襄既然为"君谟"，为君谋划、为君解忧当责无旁贷，况且贡茶还是蔡襄分内之事。

仁宗时，小龙团、小凤团十分珍贵，一茶难求到什么程度呢？在蔡襄写《茶录》后，同朝为官的欧阳修曾两次为其题跋，其中有一次这样写道：

> 茶为物之至精，而小团又其精者，录叙所谓上品龙茶者是也。盖自君谟始造而岁贡焉。仁宗尤所珍惜，虽辅相之臣未尝辄赐。惟南郊大礼致斋之夕，中书、枢密院各四人共赐一饼，宫人剪金为龙凤花草贴其上。两府八家分割以归，不敢碾试，但家藏以为宝，时有佳客，出而传玩尔。至嘉祐七年，亲享明堂，斋夕，始人赐一饼。余亦忝预，至今藏之。余自以谏官供奉仗内，至登二府，二十余年，才一获赐。而丹成龙驾，舐鼎莫及，每一捧玩，清血交

零而已。因君谟著录，辄附于后，庶知小团自君谟始，而可贵如此。治平甲辰七月丁丑，庐陵欧阳修书还公期书室。

左图 ‖ 泉州洛阳桥

右图 ‖ 蔡襄《北苑十咏》拓本（部分）

欧阳修写这篇题跋是在仁宗崩逝的第二年。他回忆了两次得到仁宗赏赐的小团茶之不易，第一次是八人分一饼小团茶，他根本不舍得喝，只有贵客来的时候拿出来大家传着看看而已。第二次获赐了一饼，那已是在他服务朝廷20多年之后才得到的赏赐。他写这篇题跋本是为了告诉世人小团茶的珍贵，但经欧阳修的妙笔一写，仁宗对小团茶的"吝惜"也颇让人印象深刻。

当然，蔡襄对茶贡之事也尽心竭力，甚至可以说由他开启了宋茶精工细作的风尚。说蔡襄是一代能臣不是一句虚话，仅从茶贡一事，就可看出蔡襄是监理贡茶的不二人选。他本就是福建人，对闽地茶事天生就不陌生，喜欢茶又爱研究。提醒大家千万不要被他"宋四家"之一的名头欺骗了，以为蔡襄只会写一手好字而忽视了他的动手能力和科研水平。蔡襄任泉州知府时，主持建造了中国现存最早的跨海梁式大石桥——泉州洛阳桥。他所著的《荔枝谱》被视为"世界上第一部果树分类学著作"。蔡襄任福建转运使监督贡茶制造时，每年开春入山，直到修贡完毕才出山，凡事亲力亲为。他的行书自书诗《北苑十咏》记录了他在北苑负责茶贡之事时的生活细节，从中我们不仅可以了解到北宋修贡制度，还可以看到贡茶生产过程及最初的质检手段，更会被蔡襄诗文之中的细节带入北苑茶山。我们看到蔡襄天刚亮就出了城，万物笼罩在蒙蒙亮的微光下，可能昨夜刚下过雨，

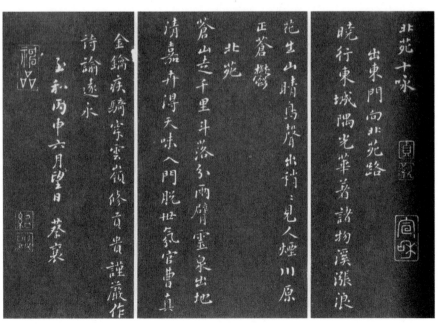

溪水涨起翻着浪花，鸟儿刚刚出来，早起的人们也刚刚点起炊烟，而此时茶山上却已一片苍郁，萌发的茶叶正待采摘。

蔡襄用六句诗描述了造茶，即制作茶饼的过程："屑玉寸阴间，抟金新范里。规呈月正圆，势动龙初起。焙出香色全，争夸火候是。"（《北苑十咏·造茶》）将研磨好的茶叶放入模具中制成茶饼，从诗中可看出所使用的模具是金属的，形状如圆月，花纹为龙，最后用合适的火候焙出色香味俱全的贡茶。

蔡襄还非常难得地描述了"质检"环节："兔毫紫瓯新，蟹眼清泉煮。雪冻作成花，云闲未垂缕。愿尔池中波，去作人间雨。"（《北苑十咏·试茶》）蔡襄用来试茶的茶器是他非常推崇的兔毫黑釉盏，水呈现出"蟹眼"时的温度是最合适。击拂出的沫饽白似雪，随着热气蒸腾而去。不是说云腾致雨吗，可为什么云间没有降下雨丝？希望这茶汤中击拂而出的波涛，能化作绵绵春雨滋润人间。

制作出品相兼优的贡茶之后，忙碌了一整个茶季的蔡襄洗了手，郑重地在新茶上签字盖章，遣人快马翻山越岭送入京城。他作诗，意在告诉人们，制作贡茶贵在严谨："清晨挂朝衣，盥手署新茗。腾虹守金钥，疾骑穿云岭。修贡贵谨严，作诗谕远永。"（《北苑十咏·修贡亭》）

"修贡贵谨严"，之后，北苑贡茶追求精细之风盛行，宋朝贡茶走上了精益求精的道路。神宗熙宁年间，贾青为福建转运使，又在小龙团的基础上精制"密云龙"，以二十饼为斤装两袋，谓之"双角团茶"。

当然，最受徽宗喜爱的"白茶"亦出自北苑。今天我们常说的"白茶"是六大茶类的一种，而作为宋朝贡茶的"白茶"则是一种稀有的品种，在北宋中期即已名声大噪。宋子安在《东溪试茶录》中说："白叶茶，民间大重，出于近岁，园焙时有之。地不以山川远近，发不以社之先后，芽叶如纸，民间以为茶瑞，取其第一者为斗茶。"就连苏轼也称赞白茶说"自云叶家白，颇胜中山醹"。最重要还是因为徽宗最爱，在《大观茶论》中专列"白茶"一条，于是白茶成为北苑茶之第一。

如前文所述，徽宗对于贡茶原料的要求已经到了无可复加的程度，最为极致的是贡茶"银线水芽"的创制。徽宗时福建转运使郑可简在拣茶后再剔取像鹰爪一样的小芽中心的一线新芽制成"银线水芽"，所谓"银线"，是"将已拣熟芽再剔去，只取其心一缕，用珍器贮清泉渍之，光明莹洁，若银线然"，可以说银线水芽是中国茶叶原料之细嫩度不可逾越的巅峰。

徽宗追求特殊小品种茶、知名产地的名茶，追求茶叶原料的细嫩，这也深刻地影响了我们今天喝茶的态度。一款茶我们应更看重产地还是更重视工艺呢？这个问题至今还困扰着很多人。可以说从宋朝开始，名品茶一直陷于怎样抵制仿冒与如何保护产地品种的

两难中。茶叶既有属于农产品的特征，又不可忽视制作工艺对其的影响，是天做一半人做一半的产物。徽宗在《大观茶论·品名》中所列名茶如平园、台星岩、高峰、青凤髓、大岚、眉山、罗汉山等，今天我们还有听说过吗？因为商业竞争，它们相互驳斥、抄袭，失去了根本。何为根本？在徽宗看来，"茶之美恶，在于制造之工拙而已"。制作的优劣才是一款茶好坏的根本，哪能是产地的虚名所能增减的呢？

就看我们今天喝的茶，就算是同一茶人制，也有之前表现得很好但后面就不好的情况，当然也有昔日表现不佳今天却很出色的情况。人如此，产地亦如此，就算是贡茶产地，也不代表它能永远出好茶。2021年初，我去了湖州长兴大唐贡茶院，那是唐朝贡茶顾渚紫笋的产地。现在那里被一片农家乐包围，大部分当地人甚至不再有喝茶的习惯。一些有想法的茶商依据古法想要复兴顾渚紫笋，然而在这一千年里，人们喝茶习惯已经改变，这里的工艺没有创新和进步，在各地名茶辈出的今天，即使有着昔日贡茶之名又如何能赶得上？在当地的茶店，顾渚紫笋即使价格便宜也卖不过龙井、碧螺春，甚至是安徽系的绿茶。和店主喝茶聊起太平猴魁的兰花香，他说安徽的茶农肯等，不追新、不追早，反而在明前茶风行的潮流中以内在取胜。同样的情况也出现在武夷山，大家都追求正岩的茶，那么正岩以外的茶怎么办？如星村一样，唯有提高工艺水平一条路。"焙人之茶，固有前优而后劣者，昔负而今胜者，是亦园地之不常也。"不得不说，在这一点上，徽宗还是很有历史发展眼光的。南宋之后，斗茶之风渐衰。元初，贡茶区偏移至武夷山，又在九曲溪、四曲溪边设立官焙局。回顾宋代贡茶，虽然在制作工艺上有过度之嫌，然而这些重视细节、精益求精的工艺却为日后闽南、闽北乌龙茶的工艺打下了非常坚实的基础。今天我们喝到岩茶时，除了品尝它的岩骨花香之外，也会感受到它的"工艺香"，每每喝到，口齿留香时，当思历代茶人之贡献。

宋朝嗜茶天团

如果你觉得自己好久没开心过了，那推荐你读读宋朝文人喝茶的逸事。都说宋朝文官治国，知识分子都过得舒心惬意，读了他们的咏茶诗、来往约茶的信札，几乎忘了还有北宋党争这么回事。今天的爱茶人望而兴叹，怎么那么多绝妙好词都被他们写光了？那是自然，他们一个个可都是"全文背诵天团"的成员，无论在语文课本上多么的高冷，只要面对茶，他们都无一例外地露出了幸福的白牙。当你背完范仲淹"先天下之忧而忧，后天下之乐而乐"之后，再读读他写的《和章岷从事斗茶歌》："新雷昨夜发何处，家家嬉笑穿云去。……商山丈人休茹芝，首阳先生休采薇。长安酒价减千万，成都药市无光辉。不如仙山一啜好，泠然便欲乘风飞。君莫羡，花间女郎只斗草，赢得珠玑满斗归。"新春第一声惊雷之后，家家喜笑颜开上山去采茶。有了茶，商山四皓就不用吃灵芝了，首阳先生也不用采野菜了，长安的酒和成都的药材都没人买了。从此也不用羡慕花间女郎斗草赢得珠玑满载而归，不如像仙人那样喝一口茶，泠然乘风飞去天上。有没有看到一个不一样的范仲淹？

和章岷從事鬥茶歌

年年春自東南來，建溪先暖冰微開。溪邊奇茗冠天下，武夷仙人從古栽。新雷昨夜發何處，家家嬉笑穿雲去。露芽錯落一番榮，綴玉含珠散嘉樹。唯求精粹不敢貪，研膏焙乳有雅製，方中圭兮圓中蟾。北苑將期獻天子，林下雄豪先鬥美。鼎磨雲外首山銅，瓶攜江上中泠水。黃金碾畔綠塵飛，碧玉甌中翠濤起。鬥茶味兮輕醍醐，鬥茶香兮薄蘭芷。其間品第胡能欺，十目視而十手指。勝若登仙不可攀，輸同降將無窮恥。吁嗟天產石上英，論功不愧階前蓂。眾人之濁我可清，千日之醉我可醒。屈原試與招魂魄，劉伶卻得聞雷霆。盧仝敢不歌，陸羽須作經。森然萬象中，焉知無茶星。商山丈人休茹芝，首陽先生休採薇。長安酒價減千萬，成都藥市無光輝。不如仙山一啜好，泠然便欲乘風飛。莫羨花間女郎只鬥草，贏得珠璣滿斗歸。

[北宋] 范仲淹《和章岷从事斗茶歌》四库丛刊本

在北宋，比蔡襄更懂茶的应该没几个人，但估计蔡襄也没想到会有人用他亲手烹的好茶冲药粉，这个人就是王安石。王安石一向粗茶淡饭惯了，一次拜访蔡襄，蔡襄拿出家中最好的茶招待，亲自洗干净茶器为他烹煮。然而茶送到王安石面前，就见王安石拿出一包药粉倒入茶杯中喝了下去。蔡襄都惊呆了，不知所措愣在那里，却听王安石大赞："大好茶味！"蔡襄大笑，感叹王安石这家伙不拘一格，够率真！

比起王安石，欧阳修算是了解蔡襄的。他知道蔡襄一好茶，二好书法，而且对这两样不是一般的精通。欧阳修写完《集古录》之后想请蔡襄为这本书的目序写书丹，蔡襄也欣然应下，书丹写得清劲有力，足可流传千古。欧阳修为表感谢，"以鼠须栗尾笔、铜录笔格、大小龙茶、惠山泉等物为润笔，君谟大笑，以为太清而不俗"。蔡襄本就是督造贡茶的官员，大小龙茶喝得还少吗？欧阳修居然还用大小龙茶反赠给蔡襄，也是够可爱的。此事还有后话，一个月后有人送给欧阳修更好的清泉茶饼，蔡襄听说后深感遗憾，感叹道："香饼来迟，使我润笔独无此一种佳物。"不得不说，蔡襄的情商真是高。

欧阳修是典型的文人性格，仗义执言，年轻时又不免恃才傲物。初闻蔡襄为仁宗进贡小龙团、小凤团茶时也不理解，但当品尝到小龙团之后他却极尽赞美，称"贡来双凤品尤精"。为此，他还为蔡襄的《茶录》写了一篇后序，其中说到自己为朝廷服务20余年才获赐一饼小龙团茶，不免有些发牢骚的意思。他曾送一饼龙团给自己尊敬的朋友，随茶附诗相赠："我有龙团古苍璧，九龙泉深一百尺。凭君汲井试烹之，不是人间香味色。"在欧阳修看来，小龙团茶的色香味本不该属于人间。

欧阳修平日里十分享受自己点茶的乐趣，"亲烹屡酌不知厌，自谓此乐真无涯"。不要以为欧阳修对茶只是喝喝而已，他一旦拿出修史集古的劲头来也是无人能敌。他认真辨析了唐代传下来的鉴水的文章，写就了两篇论烹茶用水的奇文：《大明水记》和《浮槎山水记》。经过认真考据，他认为唐代张又新在《煎茶水记》中所说陆羽将水分为二十等不足为信，因为其中一些条目有违陆羽鉴水的标准，对唐以来的辨水之论作了较为公允的结论。"吾年向老世味薄，所好未衰惟饮茶"，欧阳修晚年早已不为仕途浮沉而喜悲，唯有对茶的喜好让他尝尽人间绝美的香味色。

和欧阳修相比，他的得意门生苏轼对喝茶有着地缘优势，毕竟是从饮茶之风的发源地四川走出来的，苏轼及其弟苏辙喝茶都保留着蜀地煎茶的古风，在茶汤中佐以姜、盐等调味料，这种做法陆羽在《茶经》里就批评过，却依旧保留在蜀地。苏轼在《书薛能茶诗》中写道："唐人煎茶用姜，故薛能诗云'盐损添常戒，姜宜煮更夸'。"和宋朝一些文人眼中只有建茶不同，苏轼什么茶都乐于品尝。"千金买断顾渚春，似与越人降日注"，喝的是湖州"顾渚紫笋"；"未办报君青玉案，建溪新饼截云腴"是在福建南平品尝到新制饼茶；"浮石已干霜后水，焦坑闲试雨前茶"则是在大庾岭喝焦坑茶。苏轼对福建的壑源茶也推崇备至："仙山灵草湿行云，洗遍香肌粉未匀。明月来投玉川子，清风吹破武林春。要知冰雪心肠好，不是膏油首面新。戏作小诗君勿笑，从来佳茗似佳人。"当然他最喜爱的其实还是北苑贡茶，还特别以拟人手法写了一篇传记小品《叶嘉传》，文中形象地糅进了茶的历史、功效、品质和制作等各方面的特色，还重点描述了宋朝的榷茶制度。其实明眼人都能看出来叶嘉就是苏轼本人。这篇奇文苏轼是借茶喻己，他为"叶嘉"设定了一个良好的家世背景、坎坷的人生经历及无私的本性，刻画出一位兼济天下、刚正不阿、志向高洁的君子形象，俨然是苏轼自己的写照。在《叶嘉传》的结尾，苏轼写道：

今叶氏散居天下。皆不喜城邑，惟乐山居。氏于闽中者，盖嘉之苗裔也。天下叶氏虽夥，然风味德馨为世所贵，皆不及闽。闽之居者又多，而郝源之族为甲。嘉以布衣遇天子，爵彻侯，位八座，可谓荣矣。然其正色苦谏，竭力许国，不为身计，盖有以取之。夫先王用于国有节，取于民有制，至于山林川泽之利，一切与民。嘉为策以榷之，虽救一时之急，非先王之举也。君子讥之。或云：管山海之利，始于盐铁丞孔仅、桑弘羊之谋也。嘉之策未行于时，至唐赵赞，始举而用之。

苏轼在最后称赞叶嘉的同时，也不忘借叶嘉之口对当时的榷茶制度做一番点评："虽救一时之急，非先王之举也。"这其实是在影射当时由王安石支持的新法改革。苏轼当初曾支持新法中的一些主张，认为可以救急，然而他也看到新法中一些急于求成的做法会动摇国之根本，于是借《叶嘉传》再表胸臆，竭力为民请命。

但凡喜欢喝茶的人必讲究用水，苏轼也不例外。他不仅喜欢喝各种茶，还喜欢琢磨各地煎茶的水。在杭州任职期间，一位老友给他送来新茶，苏轼非常高兴，想试用惠山泉来煎茶，于是给无锡知县焦千写了一首《焦千之求惠山泉诗》，向百里之外的好友索要惠山泉水："精品厌凡泉，愿子致一斛。"如今从无锡到杭州，坐高铁最快也要一个半小时呢，何况宋朝。路途那么长，一定会影响水的品质，这道理苏轼也一定懂得，所以除了选用惠山泉外，他也会在长江边上搭起临时的茶灶，用江水煎茶，此举有诗《汲江煎茶》为证：

> 活水还须活火烹，自临钓石取深清。
> 大瓢贮月归春瓮，小杓分江入夜瓶。
> 雪乳已翻煎处脚，松风忽作泻时声。
> 枯肠未易禁三碗，坐听荒城长短更。

这是一首流传很广的茶诗，尤其是"活水还须活火烹"一句，直到今天还被茶人们津津乐道。苏轼不仅讲究烹茶用水，对于用具也一点儿不含糊。收藏在故宫博物院的《新岁展庆帖》是苏轼给好友陈季常的一封手札，写于1081年大年初二，除了跟好友约定来访的时间之外，信中大篇幅都在拜托一件事，即想借陈季常家的木茶臼一用，一来想让身边的铜匠依样做一件铜质的，二来恰好有人要去福建，可以顺便请对方代买个一模一样的回来。大年初二不惜周章派专人送信去借人家的茶臼，苏东坡对茶的痴迷可见一斑。

信中提及的木茶臼应如南宋审安老人《茶具图赞》中的"木待制"，用来将茶饼捶开，再入茶碾粉碎。陈

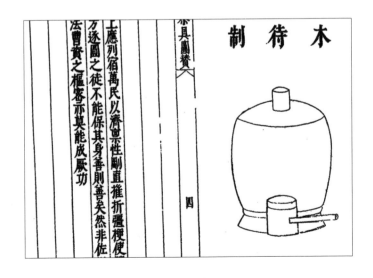

季常家的木茶臼想必是非常好用吧，以至苏轼如此念念不忘。

除了木茶臼，苏轼对用什么器具煮水也很有心得。在他看来，"铜腥铁涩不宜泉"，相比那些有金属腥气的铜壶铁壶，石质的铫子烧出来的水最接近原味。于是他亲自设计了一款提梁石铫，他的好友周穜依据他的设计制作完成，苏轼非常高兴，写了一首《次韵周穜惠石铫》：

> 铜腥铁涩不宜泉，爱此苍然深且宽。
> 蟹眼翻波汤已作，龙头拒火柄犹寒。
> 姜新盐少茶初熟，水渍云蒸藓未干。
> 自古函牛多折足，要知无脚是轻安。

根据这首诗所述，我们大概可以想象苏轼设计的石铫的样子：通身是苍然的青黑色，非铜非铁，而由石料制成，深且宽，容水量多，散热性能好，煮水时即使蟹眼翻滚壶柄也不烫手。大腹无脚的造型给人以稳定的感觉，诗中以易折足的大鼎作比，称此壶由于无脚，最是轻安。

清代画家尤荫曾得到一件刻有"元祐"的石铫，与苏轼诗中描绘的石铫非常相似，尤荫认为此物就是当年苏轼设计的石铫，将之进献内府，并绘制了大量的《石铫图》送于友人，"东坡石铫"由此传播开来。后有工于书法的王文治将苏轼这首《次韵周穜惠石铫》书于尤荫绘制的《东坡石铫图》上，书画相得益彰。

苏轼如此爱茶，让同为北宋名臣的司马光不太理解。一天，司马光看到苏轼桌子上一边是墨一边是茶，两样都被苏轼视为珍宝，于是就问："茶欲白，墨欲黑，茶欲重，墨欲轻，茶欲新，墨欲陈。君何以同爱此二物？"苏轼不假思索地回答说："奇茶妙墨俱香，公以为然否？"这一趣事也为后人津津乐道，画在了画里。苏轼爱茶之名由是得以远播。

身为苏轼好友的黄庭坚爱茶程度也绝不输苏轼。黄庭坚是江西分宁人，分宁也就是今天的修水。在宋代，分宁特产双井茶。双井茶是一种散茶，而宋朝主流是饼茶。身为分宁人的黄庭坚成了双井茶的推广大使，他的推广方法很值得今天的茶商学习。他把家乡人给他的双井茶送给了欧阳修和苏轼。他送给苏轼茶的时候还附上了一首《双井茶送子瞻》：

人间风日不到处，天上玉堂森宝书。

想见东坡旧居士，挥毫百斛泻明珠。

我家江南摘云腴，落硙霏霏雪不如。

为君唤起黄州梦，独载扁舟向五湖。

诗一开头就先夸了一番苏轼"人间风日不到处，天上玉堂森宝书"，说苏轼不是一般的凡人，是仙儒。"玉

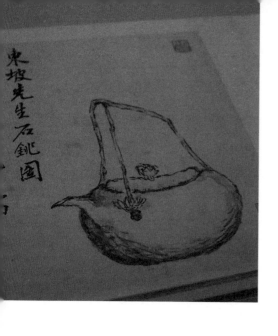

左上图 ‖ [清] 尤荫《东坡石铫图》（局部）故宫博物院藏

左下图 ‖ [清] 宜兴窑紫砂提梁壶

右图 ‖ [清] 边寿民《墨茶图》 故宫博物院藏

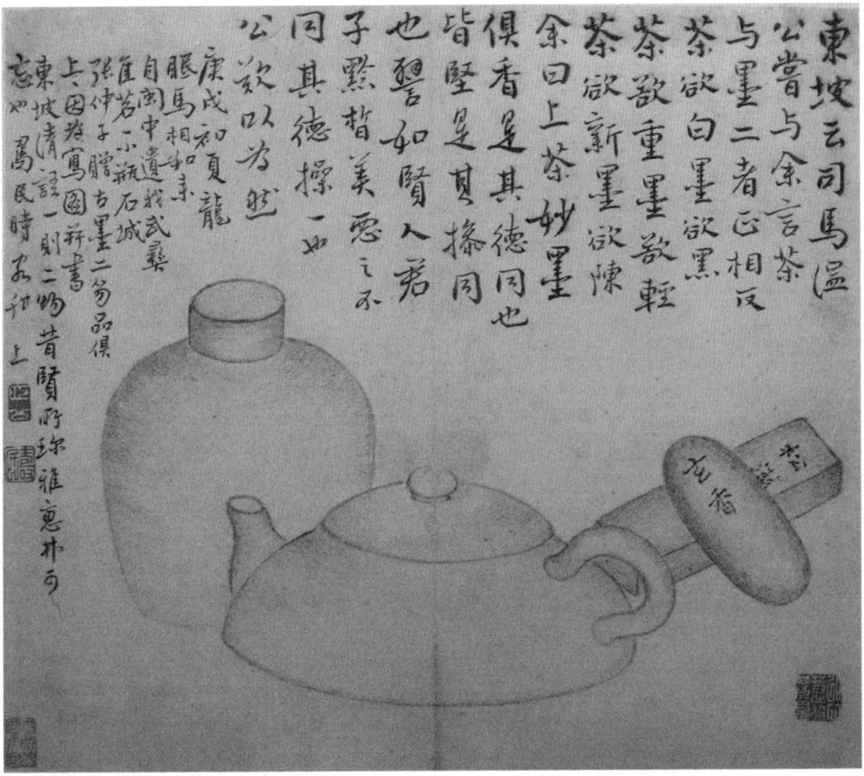

東坡云司馬溫
公嘗與余言茶
與墨二者正相反
茶欲白墨欲黑
茶欲重墨欲輕
茶欲新墨欲陳
余曰上茶妙墨
俱香是其德同也
皆堅是其操同
也譬如賢人君
子黯皙美惡之不
同其德操一也
公欲以为然

康戌初夏龍
眠馬相如来
自閩中遺找武襄
張仲子臘古墨二笏品俱
上因卷寫圖并書一則二物俱
陳城清誤一則二物
昔賢野珍雅惠朴今
忘如為民時祈
祈上

堂"一语双关，既指天上宫阙，又是宋代翰林院的别称，当时苏轼任翰林院学士。然后黄庭坚诉说他的思念之情，"想见东坡旧居士，挥毫百斛泻明珠"，说因为想你了，所以挥毫写了此信。然后进入正题，"我家江南摘云腴，落硙霏霏雪不如。为君唤起黄州梦，独载扁舟向五湖"，此乃我家乡摘就的双井茶，用小石磨碾成细细的粉末，比雪还白。这样的好茶一定能为你唤回黄州的旧梦，在梦中你可以驾着小船徜徉五湖。黄庭坚回忆了苏轼在黄州的野逸生活，那时苏轼因为乌台诗案被外放黄州，经常泛舟湖上，并写下千古名篇："……长恨此身非我有，何时忘却营营。夜阑风静縠纹平。小舟从此逝，江海寄余生。"如此情真意切的信再加上好茶，苏轼收到后，用黄庭坚原诗的韵脚也回了首诗：

右图 ‖ [北宋] 黄庭坚《奉同公择尚书咏茶碾煎茶啜三首》

> 江夏无双种奇茗，汝阴六一夸新书。
> 磨成不敢付僮仆，自看雪汤生玑珠。
> 列仙之儒瘠不腴，只有病渴同相如。
> 明年我欲东南去，画舫何妨宿太湖。

诗中盛赞双井茶是江夏无双的奇茶，连欧阳修喝过之后都在新书《归田录》中将它列为草茶第一。而且苏轼说他收到茶后非常珍惜，磨好的茶不舍得让家童去烹，非亲自煎茶不可。说到湖上泛舟，他说到明年要去东南遍访好茶，"画舫何妨宿太湖"，累了就在太湖泛舟，睡

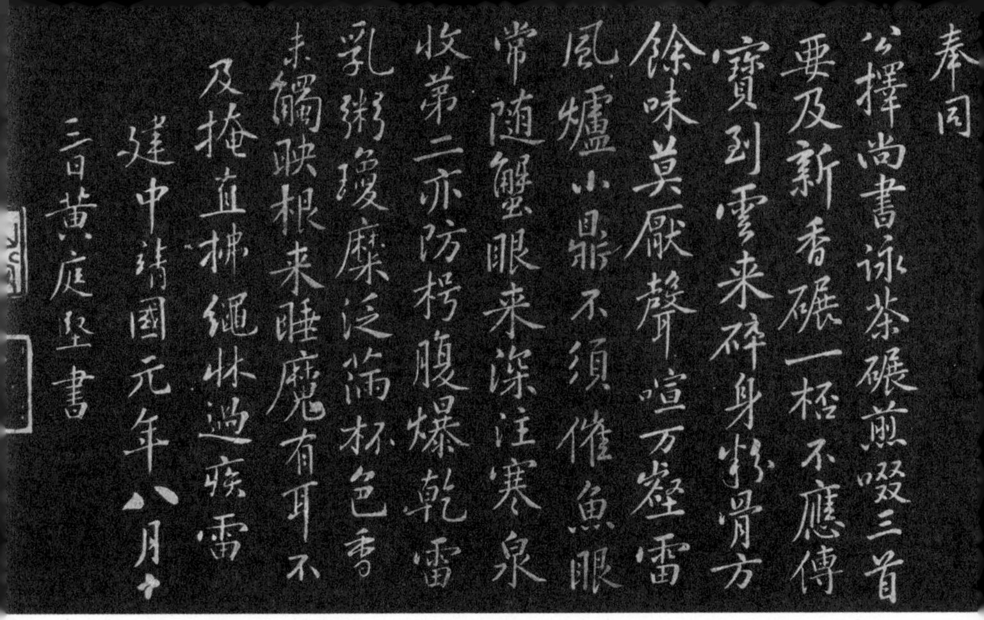

奉同
公择尚书咏茶碾煎啜三首
要及新香碾一杯不应传
宝到云来碎身粉骨方
余味莫厌声喧万壑雷
凤炉小鼎不须催鱼眼
常随蟹眼来深注寒泉
收第二亦防枵腹爆乾雷
乳粥琼糜泛满杯色香
来觸跌根来睡魔有耳不
及掩直拂绳床过疾雷
建中靖国元年八月十
三日黄庭坚书

在画舫之中。在黄州时的"小舟"此时变成了"画舫"，可以看出从黄州被召回的苏轼此时志得意满，正希望能一展抱负，有一番作为。

黄庭坚送给欧阳修的双井茶没白送，欧阳修不仅在他的新书《归田录》中盛赞双井茶为草茶第一，还广而告之推荐给自己的好友们。梅尧臣第一次喝到双井茶就是在欧阳修的府上，有诗为证："始于欧阳永叔席，乃识双井绝品茶。"即使今天我们已经喝不到双井茶了，但它仍会随着黄庭坚、苏轼、欧阳修、梅尧臣的诗文流传下去，永远会有人知道江西有一款"双井茶"曾在宋朝激发了文豪们的诗情和友情。

到了南宋，和黄庭坚同为江西人的一代大儒朱熹

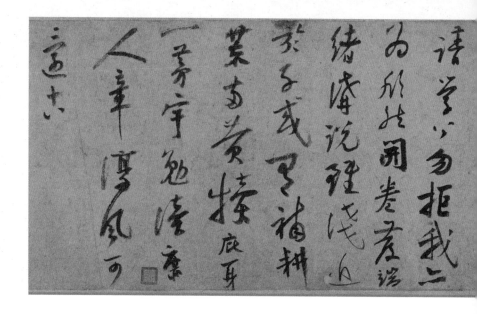

同样爱茶。朱熹的家乡江西婺源，也是著名的产茶地，朱熹对茶自小就不陌生，《朱文公文集》记载："朱子年少时，曾戒酒，以茶修德，用茶可以明伦理，表谦虚。"无论在哪里讲学开书院，朱熹总会在周围栽种茶树。朱熹41岁时在福建崇安（今武夷山市）附近修建"晦庵"，在北面亲自建茶园，取名"茶坂"。朱熹在武夷山下兴建的武夷精舍（后名"紫阳书院"）周围亦有两处茶圃，他曾对自己栽种的武夷茶咏诗赞赏："武夷高处是蓬莱，采取灵芽余自栽。"回到婺源祭祖，朱熹特意带回十几棵武夷山的茶苗栽种在祖院。对于朱熹，茶不仅是养生之物、精神的慰藉，更是参透理学的媒介和载体。《朱子语类》中，有这样一段话：

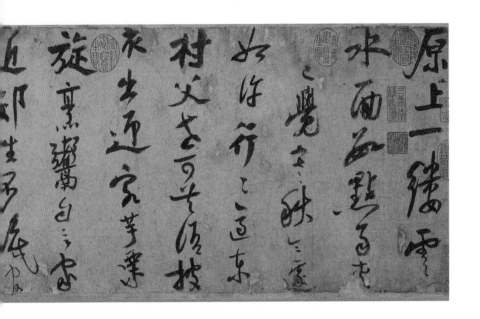

物之甘者，吃过而酸，苦者吃过即甘。茶本苦物，吃过却甘。问："此理何如？"曰："也是一个道理，如始于忧勤，终于逸乐，理而后和。"盖理本天下至严，行之各得其分，则至和。

朱熹以茶劝学，寓求学之道，在其文章中时常可见。而与朱熹几乎同时代的陆游，茶对他来说既是工作又是精神良伴。

想必每个人都多多少少读过陆游的诗词："夜阑卧听风吹雨，铁马冰河入梦来。""胡未灭，鬓先秋，泪空流。此生谁料，心在天山，身老沧洲。""王师北定中原日，家祭无忘告乃翁。"……陆游生在风雨飘摇的北宋亡国之际，青年时代他就立下报国之志，却一生都没有机会实现。一身抱负的陆游在朝中从未担任过要职，做了几年负责茶贡的官员，可谓是壮志难酬。大把的时光都用在茶贡此等清闲事上当然不是陆游的本意，当踏着春雪怀着复杂的心情来到闽地上任时，他写下了这首《适闽》：

> 春残犹看少城花，雪里来尝北苑茶。
> 未恨光阴疾驹隙，但惊世界等河沙。
> 功名塞外心空壮，诗酒樽前发已华。
> 官柳弄黄梅放白，不堪倦马又天涯。

变幻莫测的人生境遇让陆游觉得这可能就是宿命吧，甚至觉得自己前世说不定就是茶圣陆羽，"水品茶经常在手，前身疑是竟陵翁"。幸亏有茶相伴，郁郁不得志的陆游得到了精神的慰藉，其《建安雪》云：

> 建溪官茶天下绝，香味欲全须小雪。
> 雪飞一片茶不忧，何况蔽空如舞鸥。
> 银瓶铜碾春风里，不枉年来行万里。
> 从渠荔子腴玉肤，自古难兼熊掌鱼。

虽然不是自己所愿，但身为负责茶贡的官员，陆游还是非常尽职尽责的。在监督贡茶制作的过程中，他亲自试茶。一次，陆游在酣睡中闻到阵阵茶香，顿时清醒过来，原来是小吏煎好了茶正准备请他来试，有感于建安茶的香气逼人，陆游写道："北窗高卧鼾如雷，谁遣香茶挽梦回？绿地毫瓯雪花乳，不妨也道入闽来。"（陆游《试茶》）

陆游负责茶贡长达十年之久，诗中也常以"桑苎翁""桑苎家""竟陵翁"自称。也许正是因为饮茶的关系，陆游非常高寿，83岁时他作了一首《八十三吟》：

> 石帆山下白头人，八十三回见早春。
> 自爱安闲忘寂寞，天将强健报清贫。
> 枯桐已爨宁求识，弊帚当捐却自珍。
> 桑苎家风君勿笑，它年犹得作茶神。

诗的最后一句"桑苎家风君勿笑，它年犹得作茶神"，陆游以陆羽的后人自居，说下辈子还要做个茶神。当年只愿"匹马戍梁州"的陆游始终没有上得沙场，而是与茶终老，不知道这是"幸"还是"不幸"。

南宋灭亡后，醉心于茶的宋朝士大夫走下历史的舞台，"点茶"这一宋代主流的饮茶方式也像一缕茶烟随着历史的烟云消散。短短百年之后，明朝学者面对文献中的"茶筅"居然也要考证一番是何物，殊不知在宋朝，不只是皇家或官家，就连民间都曾斗茶成风，蔚为可观。

宋茶的"烟火气"

　　唐代饮茶风尚经过陆羽等人的推动，在文人雅士间盛行。到了宋朝，饮茶日渐成了社会各个阶层的普遍风潮。宋时，除了皇帝、士大夫、文人阶层爱饮茶、点茶外，茶文化也向普通的市民阶层渗透，且日渐普及。两宋的民间茶事活动也经由文人笔记、画家的画笔被今人所知。

　　既然是民间，所饮自然和皇家及上层知识分子所饮大有不同。对宋代的普通老百姓来讲，北苑龙凤团茶是很难喝到的，上好的建州茶、蜡茶离他们的生活也很远，他们的日常茶饮大概分两类：一类是类似今天清饮的茶，一般由散茶、叶茶点泡而成；另一类是混合的茶饮，沿袭唐代民间旧习，将茶叶和姜、葱、盐等混合，捣碎后冲泡或煎煮而成。除了茶以外，宋代饮料中还有各类"凉水"、应季的保健汤药等，在民间都很有市场。

　　想在宋代街头喝到茶，得去茶肆，或者是茶坊、茶楼、茶店等，这些场所在宋代各大城市里都很常见。两宋京城汴京（今河南开封）和临安（今浙江杭州）的主要街道分布有诸多茶肆、茶坊，在《东京梦华录》《梦粱录》等文人笔记中，一些风靡一时的店面名字被记录了下来，如汴京街头的李四分茶坊、薛家分茶坊、从行裹角茶坊，临安的八仙茶坊、黄尖嘴蹴球茶坊、王妈妈茶肆、朱骷髅茶坊等，其他城市乡镇和草市中也多有茶肆、茶坊。茶肆、茶坊在城乡中普及，甚至出现了以茶肆、茶坊为县界起止标志的现象，如南宋临安清波门附近有"茶坊岭"，因为"宋时有茶坊在焉"，故以为名。茶肆中不只卖茶水，各色应季凉水、汤药都有售卖。吴自牧的《梦粱录》是一部介绍南宋都城临安城市风貌的著作，其中专有一篇写临安的茶肆："四时卖奇茶异汤，冬月添卖七宝擂茶、馓子、葱茶，或卖盐豉汤。暑天添卖雪泡梅花酒，或缩脾饮暑药之属。"

茶肆、茶坊因为多开在人流比较集中的闹市区，占据着天然的地理优势，天生就拥有广泛的社会性，服务大众自然不仅限于"吃饱喝足"。965年，宋灭后蜀，后蜀皇宫中的金银玉器书画全部被宋军收缴，"太祖阅蜀宫画图，问其所用。曰：'以奉人主尔。'太祖曰：'独

从《清明上河图》中，我们得以窥见几家疑似茶肆

览孰若使众观耶？'于是以赐东华门外茶肆"（《后山丛谈》卷三）。宋太祖认为将作为战利品的蜀宫书画挂在茶肆中与民同观比自己独览更好。可见茶肆在宋初已成为民众休闲与交流信息的渠道和媒介。

茶坊里的"服务员"还有个有趣的称呼，叫"茶博士"。茶博士原先是指在有钱人家的宴会上专门负责茶事的人。《西湖游览志》记载："杭州先年有酒馆而无茶坊，然富家燕会，犹有专供茶事之人，谓之茶博士。"随着茶肆、茶坊的普及，茶肆、茶坊里的服务人员也被称呼为茶博士了，甚至发展出只有他们才懂的"茶博士黑话"。如每日所收的茶钱不方便当着外人说，他们就会选择用临安到某地的远近来隐喻具体的钱数，如果说"今日到余杭"，就是一日赚了四十五钱，因为那时临安城到余杭是四十五里，如果说"今日到平江府"，那则是赚足三百六十钱了，以此类推，当然是越远越好。

茶肆、茶坊里人员流动性强，也让这里成为消息传播最便利的场所。《水浒传》第三回何进在茶房里向茶博士打听经略府，第十八回何涛问茶博士值班押司，而官府要捉拿晁盖等人的机密也是在茶肆走漏的。如果以上还算是小说演绎，那么南宋宝庆年间（1225—1227年），权相史弥远想排挤政敌真德秀和魏了翁，让州县小官梁成大每日坐在茶坊中诋毁二人则是在茶坊制造舆论的真实案例。除了打听和传播消息，还有许多动人的爱情故事也在茶肆中发生。《闹樊楼多情周胜仙》中周

茶肆

錢塘　吳自牧　著

汴京熟食店張挂名畫所以勾引觀者留連食客今杭城茶肆亦如之插四時花挂名人畫裝點店面四時賣奇茶異湯冬月添賣七寶擂茶饊子葱茶或賣鹽豉湯暑天添賣梅花酒或縮脾飲暑藥之屬向紹興年間賣梅花酒之肆以鼓樂吹梅花引曲破賣之用銀盂杓盞子亦如酒肆論一角二角令之茶肆列花架安頓奇松異檜等物于其上裝飾店面敲打響盞歌賣止用瓷盞漆托供賣則無銀盂物也夜市于大街有車擔設浮舖點茶湯以便遊觀之人大凡茶樓多有富室子弟諸司下直等人會聚習學樂器上教曲赚之類謂之挂牌兒又有茶肆專是五奴打聚處亦有諸行借工賣茶金耳又之市頭大街有三五家開茶肆樓上專安著妓女名曰花茶坊如市西坊南潘節幹俞七郎茶坊保佑坊北朱骷髏茶坊太平坊郭四郎茶坊太平坊北首張七相幹茶坊蓋此五處多有炒閙非君子駐足之地也更有張賣麫店隔壁黃尖嘴蹴毬茶坊又中

《梦粱录》中关于南宋茶肆的记载

胜仙、范二郎在茶坊一见钟情。周胜仙以挑剔茶水为由，介绍自己的身世，传递爱慕之情，一段爱情因茶而生。《鬼董》中秀才樊生央求王老娘为他介绍娶亲的对象，王老娘于是到常去的茶肆为他寻找。各行各业、形形色色的人在茶肆、茶坊内都可以进行交流。

《梦粱录》中《茶肆》一文记载："大凡茶楼多有富室子弟、诸司下直等人会聚，习学乐器、上教曲赚之类，谓之'挂牌儿'。"两宋正值被视为"中国传统戏曲初音"的南戏形成之时，那时的茶肆之中想必少不了南曲。"更有张卖面店隔壁黄尖嘴蹴球茶坊，又中瓦内王妈妈茶肆名一窟鬼茶坊，大街车儿茶肆、蒋检阅茶肆，皆士大夫期朋约友会聚之处。"南宋一朝茶肆不仅非常普及，而且有了经营业务和服务人群的细分，黄尖嘴蹴球茶坊面对的人群是那些痴迷蹴鞠的球迷。蹴鞠爱好者与职业蹴鞠艺人为了保护自身利益和提高球技，甚至组成"圆社"，使职业艺人与百姓间的交流互动更加热络。同时说书讲史在当时也是市井百姓喜闻乐见的娱乐方式。说书人在茶肆中搭台即兴开讲，听书的人同时品茗，不亦乐乎。南宋说书界曾出现过许多专业艺人，有人就固定在某个茶肆说书表演，有的茶肆甚至就以他们的名字或以他们最拿手的故事话本命名，如王妈妈茶肆名"一窟鬼茶坊"，"一窟鬼"就是流行于宋代的说书故事。同此逻辑，还有保佑坊北"朱骷髅茶坊"大概是因为说书人常说神怪故事而得名。

当然，一触及大众娱乐业，不免会藏污纳垢。一些茶肆打着喝茶的幌子做着色情和赌博的营生，"非君子驻足之地也"。有些茶肆虽以女色招揽生意，却不单纯靠出卖色相，而是以才艺取胜。《武林旧事》中《歌馆》一篇有记：

> 外此，诸处茶肆，如清乐茶坊、八仙茶坊、珠子茶坊、潘家茶坊、连三茶坊、连二茶坊及金波桥等两河以至瓦市，各有等差，莫不靓妆迎门，争妍卖笑，朝歌暮弦，摇荡心目。凡初登门，则有提瓶献茗者，虽杯茶亦犒数千，谓之"点花茶"。登楼甫饮一杯，则先与数贯，谓之"支酒"。然后呼唤

右图 ‖ [南宋] 李嵩《骷髅幻戏图》故宫博物院藏

中国人的茶事

提卖，随意置宴……

此类茶肆消费之高，与其说是为茶买单，不如说是为伎艺人买单。有些茶肆中也常可以弈棋赌博。洪皓出使金国到达燕京时，发现那里的茶肆和南方同样繁盛，而且也同样开设赌局。"燕京茶肆设双陆局，或五或六，多至十，博者蹴局，如南人茶肆中置棋具也。"所谓"双陆局"，是流行于唐宋的一种带有博彩性质的棋盘游戏。总之，这些种类繁多的茶肆兼顾着老百姓丰富多彩的娱乐生活，一定程度上也让两宋市民阶层"终日居此，不觉抵暮"。

除了茶肆、茶坊、茶楼这些固定的场所外，从北宋开始，都城汴京的街市上还有一些"流动摊贩"半夜三更提瓶卖茶，方便那些深夜加班的人，"盖都人公私营干，夜深方归也"（《东京梦华录》卷三）。相比文字，南宋宫廷画师刘松年的画作则更加直观。刘松年历经四朝，擅画山水和人物。他传世的作品中有多幅与茶相关的画作，其中一幅《撵茶图》展现了文人雅士在庭院中挥毫、赏画的茶会雅集。另一幅《茗园赌市图》则深入市井，描绘了民间集市中的茶事活动。画面中五个男子围成一圈在斗茶，他们一个提着汤瓶，一个正在注水，一个正在享用茶汤，一个明显已经喝完了，正在用袖子擦拭嘴角。还有一个呢，正要灰溜溜离场，好像斗茶斗输了。《茗

园赌市图》一般被视为中国茶画史上较早反映民间斗茶的作品。画面中除了斗茶的男子之外，还有一个货郎，他一手搭着茶担一手掩嘴，似在吆喝卖茶，茶担里摆放着很多汤瓶与茶盏，茶担的一头还贴着"上等江茶"的招贴。南宋李心传所写的《建炎以来朝野杂记》说："江茶在东南草茶内，最为上品，岁产一百四十六万斤。其茶行于东南诸路，士大夫贵之。"最右边有一名女子带着一个孩子，她右手提着一个汤瓶，左手捧着茶盘，茶盘上有茶盏、茶托、茶末盒、茶匙，还有一个茶筅。她边走边回顾斗茶的那群人，可能也想回家点上一碗。画面中的人物生动，器物也非常典型，俨然一派南宋市井中卖茶、斗茶的生活图景。

　　宋代的老百姓更多的还是在家中饮茶待客，所谓"宾主设礼，非茶不交"（《古今源流至论续集·卷四·榷茶》）。北宋，客来敬茶已成社会普遍的习俗，更准确来讲应是客来设茶，送客点汤。北宋朱彧写的一本记述有关宋代典章制度、风土民俗的笔记体著作《萍洲可谈》记载："今世俗客至则啜茶，去则啜汤。汤取药材甘香者屑之，或温或凉，未有不用甘草者，此俗遍天下。"这个天下自然是大宋的天下，到了辽国则正好相反，"先公使辽，辽人相见，其俗先点汤，后点茶。至饮会亦先水饮，然后品味以进"。而金国的茶俗则与宋国保持了一致，也是客来设茶，客去设汤。在《宦门子弟错立身》的金院本戏文中，第十二出，茶房里的茶博士一出场念白便是"茶迎三岛客，汤送五湖宾"。所谓"三岛"，指的是传说中东海上仙人居住的蓬莱、方丈、瀛洲三座仙山。无论家中来的是何方神圣，来自哪座仙山，看人上茶是少不了的。王安石去蔡襄家，拿蔡襄点的茶喝药，想必以后王安石再去不会再有好茶招待了。又如王东城与杨亿交好，王家有一精致的茶囊，非常贵重，只有杨亿来了王东城才拿出来招待，属于杨亿专属茶具，所以王家人只要听到主人传呼茶囊，就知道一定是杨亿来了。类似这样的故事在宋代笔记中常常可见。

这些都不同于宫廷贵族文人雅趣，而是饮茶在宋代社会生活中展现的"烟火气"。也正是这些烟火生活，把"琴棋书画诗酒茶"中的"茶"引向了"柴米油盐酱醋茶"的"茶"，如同滴水入海，经过改朝换代的血雨腥风之后，茶在民间势必会焕发出更强的生命力。

佛国吃茶去

　　日本京都的大德寺是洛北最大的寺院，也是日本禅宗文化的中心之一，尤以枯山水和茶道闻名。但很多人不知道那里还收藏有南宋的珍贵画作《五百罗汉图》。《五百罗汉图》在中国宋代绘画中地位不一般，它不是一幅画，而是一组画，由南宋的民间画家周季常和林庭珪所绘。对于这两个人，画史中没有太多的资料，只知道是活动于淳熙、绍熙、庆元年间的民间画工，以画佛像为主。我们知道，"五百罗汉"是佛教绘画中比较常见的题材。据史料记载，唐天祐元年（904年）中元节，宁波东钱湖青山顶有十六罗汉显现，与同时期在天台石梁五百罗汉显现的传说惊人地相似，罗汉信仰在此地兴起。南宋义绍在东钱湖惠安院做住持时，为了纪念唐朝时罗汉显现的神迹，邀请周季常、林庭珪两位画师绘制《五百罗汉图》，作品历时十年完成，最初被供奉在惠安院内。《五百罗汉图》共有100幅，其中有6幅遗失，剩下94幅，82幅收藏在日本大德寺，另有10幅在美国波士顿美术博物馆，2幅在美国弗利尔美术馆。《五百罗汉图》描绘了佛教历史事件、佛教典故和当时寺院僧人的生活场景。其中有《备茶图》和《吃茶图》，为我们描绘了宋代僧人饮茶的日常。

《五百罗汉图》中透露了哪些关于茶的信息呢？先从《备茶图》看起。《备茶图》，顾名思义，就是有关茶的准备过程的图。在这幅图里，左上有个穿蓝色衣服的人在取山泉水，泉水自山石上倾泻而出，他左手拿着一个水舀在接水，右手拿着一个高颈汤瓶。旁边一个僧人在注视着他，而另外几个僧人的目光都投向了画面的左下方，那里有个小鬼在碾茶，我们又看到了非常熟悉的茶碾的身影了。茶碾的左边有一套碎茶的工具"茶槌"，即南宋审安老人《茶具图赞》中的"木待制"。在茶碾的右边盘子里，有扫茶末用的扫帚、铲茶叶末的铲子，还有放茶叶末的茶罐，其实还少一样，就是筛茶叶末的筛子。在碾茶的小鬼前方，画面的右边，还有一个小鬼，他拿着火夹在生炭火，风炉上炭火渐红，旁边放着一个炭笼。火已经慢慢燃起来了，小鬼望向取水的人，显得迫不及待。画面中的五个僧人都在注视着备茶的三位，神色期待。

另一幅《吃茶图》，画面中四位僧人手捧着四个放在红色茶托内的黑色茶盏，茶童正在为其中的一位点茶。只见他左手执壶，右手拿着茶筅在盏中击拂。我们留意看茶童拿茶筅的姿势和僧人捧茶盏的姿势，可以发现两者姿态都非常写实和准确，僧人饮茶的表情也庄严肃穆。黑色的茶盏让人不禁联想到宋代流行的

黑釉茶盏。

宋代，僧人们一般喝什么茶呢？最有名的当然是北苑茶，它由于被列为贡茶一时风头无二，但北苑贡茶不过年产量五六千斤，即使加上建州其他园焙所贡的蜡茶，最多时也不过 20 万斤左右，可谓是杯水车薪。因此，全国各地茶产区的各色好茶堪为北苑茶最有力的补充，其中很多名茶都是由寺院僧人栽培和制作的。高山出佳茗，深山多僧踪，寺院自古就有种茶、制茶的传统。到了宋代更出现了许多寺院出产的地方名茶，比如见于《咸淳临安志》卷五八《特产·货之品》中的杭州地区的寺院名茶：

> 茶，岁贡，见旧志载。钱塘宝云庵产者名宝云茶，下天竺香林洞产者名香林茶，上天竺白云峰产者名白云茶。东坡诗云：白云峰下两枪新；又宝严院垂云亭亦产茶，东坡有《怡然以垂云新茶见饷，报以大龙团，戏作小诗》：妙供来香积，珍烹具太官。拣芽分雀舌，赐茗出龙团。又《游诸佛舍，一日饮酽茶七盏，戏书》有云：何须魏帝一丸药，且尽卢全七碗茶。盖南北两山及外七邑诸名山，大抵皆产茶。近日径山寺僧采谷雨前者，以小缶贮送。

虽然我们今天再难喝到文中提及的"宝云""香林""白云""垂云"这些名茶，但对于宋朝的人来讲，这些茶犹如今日龙井对于我们一样。一直到明朝嘉靖以前，这些茶仍然是杭州的地方名茶。

当时的越州（今浙江绍兴）最知名的茶是资寿寺的日铸茶，也有称为日注茶的。"日铸岭在会稽县东南五十五里，岭下有僧寺名资寿，其阳坡名油车，朝暮常有日，产茶绝奇，故谓之日铸。"日铸茶始出宋代，欧阳修对日铸茶的评价甚高："草茶盛于两浙，两浙之品，日注第一。"

建州的建安能仁院因"石岩白"而闻名，更因为蔡襄与石岩白的故事而声名远播。石岩白生于石缝间，寺僧采造得茶八饼，其中四饼送给了蔡襄，余下四饼送去了京师的王禹玉家。一次蔡襄到王禹玉家做客，王禹玉令人拿出最好的茶招待。蔡襄刚捧起烹点好的茶汤，还未喝到嘴，只闻其香就已辨明出处："此极似能仁石岩白，公何以得之？"王禹玉不信，唤人取来茶帖，"验之，乃服"。岳州茶在唐代就享有盛名，裴汶的《茶述》中也有记录，但到了宋代时，人就不怎么种植了。范致明《岳阳风土记》写道："惟白鹤僧园有千余本，土地颇类北苑，所出茶一岁不过一二十斤，土人谓之白鹤茶，味极甘香，非他处草茶可比。"

这些由人们珍视的茶烹点而成的茶汤在宋代也会成为供品供于佛前，《百丈清规》中对此有明确的记录，黄庭坚的《以香烛团茶琉璃献花碗供布袋和尚颂》也可为证。

茶之所以流行，还有一个重要原因是佛教尤其是禅宗的影响。慢慢地，茶从实用的层面变得越来越与禅宗精神相和。唐代，径山寺的百丈怀海禅师制定了《禅门规式》，后经元代百丈山住持德辉奉敕重新修订，成为今本《百丈清规》。北宋崇宁二年（1103 年），宗赜禅师于十方洪济禅院在唐代的《禅门规式》基础上制定了更为详细的禅林规范，写就了一部《禅苑清规》，这也是新禅律首次以"清规"命名，而且是现存可见最早、最完整的禅宗丛林清规，此后诸家清规都或多或少受到《禅苑清规》的影响，可谓是后世清规之蓝本，其中记载的禅院中的各类茶礼茶会是宋元以来寺院茶礼发展的源头。

　　与后世的清规不同，《禅苑清规》将新到僧入院的礼规放在众多清规之首。其中规定新到僧到堂司相见时，由行者报知维那，维那见僧，"相见各触礼三拜"。寒暄，呈报度牒，然后吃茶。吃茶罢，再行一番人事，完成挂搭。挂搭完成后，"新到归寮，寻寮主云：新到相看。见寮主各触礼三拜"，行茶礼。《禅苑清规》要求新到僧初到寺院，"三日常在寮中及僧堂内守，待请唤茶汤，不得闲游，免令寻觅"。寺院对于新到僧人的茶礼是非常隆重的，所谓"新到茶汤特为，礼不可缺"，"院门特为茶汤，礼数殷重，受请之人不宜慢易"，其具体的仪轨体现在受请、闻鼓板赴集、烧香问讯时、饮茶时、谢茶退席时等每一个程序的行为举止之中。以吃茶时的礼仪为例,《禅苑清规》要求举动安详,不得出声。"取放盏櫜,不得敲磕。如先放盏者,盘后安之,以次挨排,不得错乱。""右手请茶药擎之,候行遍相揖罢方吃。不得张口掷入,亦不得咬令作声。"

宋代,在禅宗较为重视的"四节"——结夏、解夏、冬至、年朝,寺院都会举行茶汤礼,由寺院住持及知事等寺院管理层或者高僧为下一级僧人或大众举行茶会盛典,这也是寺院重要的仪式之一。除此之外,职事任免也会有茶会。宋代开始,寺院中凡新上任的主事僧都要先请大家喝茶,然后再上任,若有什么事,也要先请事主喝茶,再解决事情,几乎可以说无茶不成事。

右图 ‖ 荣西入宋记录手迹

宋代,吃茶也是寺院僧人日常生活的一部分。如宋真宗年间释道原所撰的佛教史书《景德传灯录》记载:"晨起洗手面盥漱了,吃茶,吃茶了,佛前礼拜,归下去打睡了,起来洗手面盥漱了吃茶,吃茶了东事西事,上堂吃饭了盥漱,盥漱了吃茶,吃茶了东事西事。"不难看出,吃茶已然成为一项禅林制度,每日有专门的时间用于喝茶。吃茶时间到,会有执事僧敲鼓聚集众僧去往禅堂喝茶。寺院中专职负责茶事的僧人被称为"茶头",召集喝茶的鼓声专称为"茶鼓"。王安国有一首《西湖春日》,其中有两句说"春烟寺院敲茶鼓,夕照楼台卓酒旗",诗意地描述了傍晚时分寺院敲茶鼓召集僧人喝茶的情景。僧人集中喝茶也不只在傍晚。僧徒坐禅每日分六个阶段,每阶段焚香一支,每焚完一支香,寺院监值都要"行茶"四五匝，借以消除因长时间坐禅而产生的疲劳。

南宋时，随着中日两国间僧侣交流的频繁，茶文化东传日本。1168年开始，日本僧人荣西两次入宋，将吃茶法和茶种带回了日本，并写了一部《吃茶养生记》，这本书成为日本第一部系统论述茶学的著作。另一位日本高僧圣一国师圆尔辨圆到径山寺学习求法，归国时把径山寺茶宴上的一套仪轨引入日本，其后由当时大德寺的住持一休宗纯传给弟子珠光，珠光在茶道中融入了日本独特的审美和情趣并将其发扬光大，珠光由此成为日本茶道的创始人。关于茶在日本的传入和发展，将在后面详细论述。

日本著名禅宗研究者与思想家铃木大拙曾说过这样一段话："禅与茶道的相通之处在于两者都是努力使事物单纯化。在去除不必要的繁杂这一点上，禅是通过直觉地把握终极存在而实现的；而茶道则是通过在茶室内品茶为代表的生活方式而实现的。"至今，人们还在日常的一杯茶中寻找为生活做减法的智慧，有人称之为禅的智慧。所以，无论你是否理解赵州禅师那一句"吃茶去"背后的意义，都不妨碍从一碗茶中体验生命的百种滋味和智慧。

第四章

辽 金 元

这是个分裂又融合的时代，

而此时茶的疆域，

超越了战争野心的版图，

消弭了民族间的隔阂。

辽金贵族饮茶记

　　有时读史经常会由衷地感叹，刀枪剑戟无法撬开大门的地方，茶却可以悄无声息地深入其腹地，让万里同风。当北宋自皇帝到普通百姓都享受一盏茶带来的愉悦时，在北方与宋纠缠痴斗多年的辽也隔空举起了茶盏。相似的茶汤、相似的品饮方法、相似的器具，如若不是互为敌国，当互称"茶友"。

　　我们先来看看宋与辽的关系。辽由北方少数民族契丹族建立。唐初，契丹族居于潢水以南、黄龙（今辽宁朝阳）以北，分为八部，八部组成联盟，以大贺氏为可汗，受唐赐姓为李。10世纪初，唐朝灭亡，中国进入一个分裂时代，北方不堪一击，契丹耶律阿保机伺机而动取代可汗之位，并在公元916年建国称帝，以契丹为国名，建都临潢，称上京。其次子耶律德光在位时，利用中原之乱，帮助军阀石敬瑭的后晋政权取代了后唐。石敬瑭以割让长城以南的燕云十六州作为答谢。947年耶律德光灭后晋，定国号为辽。北宋建立后，想夺回燕云十六州，两次北伐均告失败。辽频繁南下骚扰，1005年辽宋签订"澶渊之盟"，两国结为兄弟之国各守疆界，北宋每年向辽支付"岁币"银10万两，绢20万匹，北宋军民引以为耻。

在鼎盛时期，辽的契丹人口曾达到75万人，并统治着200万汉人。为方便统治，从辽太宗开始就采用了"因俗而治"的方式，以"本族之制治契丹，以汉制待汉人"，并设置了南面官和北面官的双轨官制。南部区域名义上都是由沿袭唐制的文职官僚掌管，在辽阔但人烟稀少的北部区域建立的则是契丹政权，不过北方的契丹朝廷实则是一个流动的政府，经常由一地迁往另一地。契丹贵族一定程度上接受了二元文化，就是既按契丹方式行事，也熟悉汉族风俗，当然对中原地区的茶文化也不陌生。

辽的契丹贵族饮茶方式与宋人基本相同，唯在日常礼仪方面有前后顺序的差异。宋人朱彧的《萍洲可谈》记载了他的父亲出使辽国时看到辽人会面时的风俗与宋人有差异。宋人的习俗是客人来了先点茶后点汤，而辽人则正相反，是先点汤后点茶。"点茶"自然是以宋人惯常的饮用末茶的方法，朱彧没有提及辽人所饮的茶或者点茶方法和宋人有什么不同，因此大部分学者认为契丹贵族的饮茶方法亦同宋朝，是点茶法。从现有的文献中也不难看出，茶在辽国的政治礼仪活动中的不可或缺。《辽史》本纪和礼志中有很多对茶事活动的记载，仅《辽史》记载的60种礼节里，就有13种提到了茶。除此之外，身在辽国的汉族官员在心理上也与茶更为亲近。从他们身处的环境来说，辽在与宋签订了"澶渊之盟"后，结束了多年的战争，社会稳定、政治开明，"圣朝臣民，向心辐辏"，对汉族官员及汉族文化都十分包容，这就使得汉族官员及贵族能处在一种宽松的文化环境中，对辽也就有了较强的认同感。他们在日常生活中也能享受与宋朝士大夫同样精致的文化生活，其中当然也包括饮茶。

学者研究了现存的 110 座辽代墓葬壁画，绘有茶题材壁画的墓葬就多达 37 座，占比近 1/3。茶主题的壁画最早出现在辽早期的内蒙古赤峰，随后在山西大同、辽宁朝阳、北京地区相继出现，这时相当于辽代早期至中期早段，相当于北宋的早期，壁画主要受到唐代壁画的影响。辽代中期、北宋中期早段，茶主题的墓室壁画主要集中在内蒙古地区，这时可以从中看到受到宋地的极大影响。辽代晚期即北宋晚期，茶题材墓室壁画达到顶峰，多地都有非常精美的壁画出现，其中以河北张家口宣化古城的下八里辽墓壁画较为集中和精美，这些壁画为我们鲜活地展现了辽代晚期辽汉官员及贵族饮茶的日常。

根据河北张家口宣化古城的下八里辽墓墓志，我们可以知道，它属于辽金时期归化州（也就是今天的宣化）地方豪族张氏的家族墓。张氏家族的代表人物叫张世卿，辽代归化州人，是地方绅士，从他的姓氏我们不难判断出他是汉族人。辽代大安年间归化州遭灾，饿死者无数。

张世卿拿出谷物 2500 斛赈济灾民，为此，辽朝皇帝特授其右班殿直。他的儿子张恭谦任辽国枢密院留承，并和耶律氏通婚，是辽"以汉治汉""辽汉亲善"的一个范例。所以我们从下八里辽墓壁画里看到的人物有汉人装束，也有契丹人装束。壁画的内容非常丰富，从天文、服饰、音乐、舞蹈到绘画、体育、佛教、建筑、家具等方方面面，可以说非常全面地反映了辽代社会、文化、宗教和民族的融合。其中 1 号张世卿墓、2 号张恭诱墓、5 号张世古墓、6 号墓、7 号张文藻墓和 10 号张匡正墓等都出土了精美的反映茶文化的壁画，让我们得以一览辽代汉族贵族的饮茶方式。

6 号墓东壁的备茶图可以说是表现辽代贵族饮茶方式的标志性壁画。这幅图面积为 3.1 平方米，描绘了一整套备茶的茶具以及碾茶、罗茶、收茶、候汤的整套备茶流程。画中左下角有一个梳着双髻的碾茶小童侧身席地而坐，他面前放着一个茶碾，正在碾茶。茶碾的形制和《五百罗汉图》中的茶碾类似，只是碾轮稍微大一些，看小童的表情感觉他碾得很吃力。在他旁边还有一个放着白色小碗的浅盘。对瓷器有了解的读者，应该知道"南青北白"的说法，河北的邢窑、定窑都以出产白瓷为主。碾茶小童右边有一位跪着烧水的小童，小童手持一把扇子在扇，希望火更大一些，炉上的汤瓶与辽宁省博物馆收藏的注壶形制相似。烧水小童身后是一个年纪稍长的人，从发型来看是个契丹男子，他进行的工序是罗茶，

上图 ‖ 下八里辽墓
6号墓·备茶图

下图 ‖ [辽] 白瓷
盘口长颈注壶 辽宁
省博物馆藏

就是把碾好的茶末过筛，让茶末更细腻。一般来说，碾茶和罗茶是交替进行的，碾好的茶末过筛，过筛之后略大的茶末还要继续碾细。从男子的形态上来看，他此刻应该是在罗茶的间歇，等着碾茶小童送来需要过筛的茶末。所以他双肘压着茶罗，用手支着下巴，望着碾茶的小童。

2号墓西南面的壁画中描绘了候汤的场景。一名短衫的汉族小童，双手拿着一把团扇，站在一个三足的火炉前，用力扇风助长火势。火炉上放着一个白色瓜棱形的执壶。这个场景和备茶图中的一幕类似。火炉旁边是一张红色的桌子，一名髡发的契丹男子站在桌子后面，旁边是一名戴方顶幞头的汉族男子，手里端着一个圆形

的平盘，盘内有两个茶盏，两个人全神贯注，侧耳向火炉的方向，应该是在判断壶中的水温。泡茶时水的温度非常重要，点茶也是，用不沸或者过沸的水点茶都会影响汤花的表现。宋代的执壶不好通过水泡大小来判断水温，也不能靠手摸，那么"听汤"就是一个很实用的判断水温的方法。这幅壁画里表现的就是听汤的场景。

宋代最为典型的点茶在下八里辽墓1号墓壁画中也有清晰的体现。画面的中心同样也是一张红色的方桌，桌上有两个盏托、一个圆盒和一个白碗，碗里放着茶筅。桌子旁，左右各有一名汉族男子，左边的男子左手端着盏托，右手捏着一把茶勺，右边的男子左手扶着桌面，右手提着执壶，正要注水。

当然，点茶之后必然要有人品尝。4号墓后室西南壁的壁画描绘了宴饮的场面。画面的右端，一位夫人身穿浅绿色的交领长袍，肩上围着浅绿色的披帛，双手捧着茶杯，坐在圆凳上。桌子前面有人弹奏乐器，有人在跳舞。从画面的四男一女中，可以看出坐着品茶的女子地位是最高的，桌上没有温壶，由此推断女子手中是茶而不是酒。

下八里辽墓有关茶的壁画印证了辽代贵族的饮茶方式受宋代点茶法影响，也遵循了炙茶饼、碾茶、罗茶、候汤、点茶的方法和步骤，点茶需要的茶具成系列地出现在画中，也说明了辽代贵族已经相当熟练地掌握了点茶的技术，可以完整且不失风雅地完成一系列复杂的点茶流程。

如下八里张氏家族墓这样绘有茶主题的壁画在辽墓中非常普遍，在今天的内蒙古、辽宁、北京、山西和河北等地的辽墓中都能见到。实际上，这种类屋式的墓室以及以茶祭奠体现的是宋人祭祀和供养结合的丧葬观念，而契丹族早期流行的丧葬方式是树葬和火葬，在唐中期受汉族影响才开始土葬，但仍是先火葬再放入墓室，一直到辽代中期才出现仿木构的墓室，茶题材的壁画也随之大量出现。通过这些壁画，我们不仅看到了茶文化在辽地的流行、辽对宋墓室装饰的借鉴，更看到了辽人生死观念的转变。

虽同为游牧民族，和北宋联合灭辽之后又灭了北宋的金，目前所见的绘有茶主题的墓室壁画在数量上则少了许多，而且主要集中在原北宋疆域范围内，部分在原辽的控制范围内。因此可以看到，金代墓室壁画早期呈现出比较明显的宋代风格，中期吸收了部分辽代风俗，宴饮、备茶、点茶、奉茶和供奉祭祀等一系列主题都有所呈现，有与宋代相似的家庭生活场景，甚至文人志趣。陕西甘泉金代4号墓壁画，没有表现常见的宴饮或孝行，反而出现了听琴、弈棋、诵书和赏画，东侧阑额上绘有"花中四君子"梅兰竹菊，体现了与宋代文人相似的审美情趣。

2002年，北京五环路施工队在石景山八角村京原路路口发现了一座金代墓葬，该墓葬未经盗掘，随葬品以及墓志等资料得以完好保存。依据墓志可知，该墓建于皇统三年（1143年），墓主人为赵励。赵励墓是北京地区难得一见的金代壁画墓，其东南壁的备茶图描绘了众人忙碌点茶的场面：最左边为一侍从，他双手笼袖恭敬地站立一旁，其右侧有一仆人躬身而立，右手执壶左手执盏，身体微微前倾，正在用执壶向茶盏中注水。他的左手边还有一位髡发的契丹小童捧着盏候着。两人面前有一张黄色的方桌，桌上放着小食盒、茶托、茶盏等器具。两人身后还有一侍从，手上托着一个碧纱笼罩着的圆形茶托盘，托盘内是已点好的茶。此三人在画面中自成一组，相互呼应，非常传神。虽然壁画中碾茶、烧水、备盏、点茶、端茶等过程都有呈现，但和河北宣化下八

左图‖下八里辽墓
4号墓·宴饮图

右图‖北京石景
山金代赵励墓壁画
（局部）

里的辽墓壁画比起来还是显得简单、平淡了不少。值得一提的是，画面中碧纱笼圆形茶托盘在宋、辽、金壁画中是首次出现，在以往的茶书中也无处可查，应是创新茶具，既可以托盛多个茶盏，又可以防止飞蝇、灰尘落入茶中。

关于墓主人赵励，详读墓志铭可以看到一位朝代更迭中的基层官吏的命运。此时历史的大背景是辽末宣宗耶律淳自立北辽，1122年耶律淳死后萧德妃摄政，掌握了北辽大权，同年金人联宋大举灭辽，辽地被纳入宋朝的版图。也是在这一年，据墓志记载，赵励"及进士第，授将仕郎、秘书省校书郎"。辽地并入宋，于是赵励携家眷南下归宋，第二年的五月十六日到达此时的北宋都城汴京，然而还未来得及受命就因病去世了，葬在汴京以西的长庆禅院。宋靖康元年（金天会四年，1126年）战乱又起，金兵逼近汴京，赵励的儿子毫秀携家人仓促回到北京。金天会十二年（1134年），毫秀授邢州内丘县主簿，金天眷二年（1139年）春告假去汴京寻找父亲的原葬地。这时的汴京已被金占领，几经战乱汴京已面目全非，"弥望皆荒墟"，"城外人物稀疏"，"城里亦凋残"，早已不复旧日北宋都城的繁华景象。墓志铭中记载："奈大军（指金兵）之后，汴城之处四顾茫然。"位于汴西的长庆禅院也已毁于战火，毫秀去寻找其父埋葬之处时，那里已是一片废墟。正当他"踟蹰洒涕之际，忽于众农夫中有一人指引到长庆禅院，但旧址瓦砾而已"。后在当地人的指引下，从长庆禅院原住持僧人那里询问到了葬地，找到其父遗骨迁回燕京。自宋宣和五年（1123年）至金天眷二年已经过去了16年，赵励生时去、死而归，两代人顶着北宋末期历史的凄雨在宋金两国间奔波往来。今天我们再看赵励墓中的壁画，也许画中场景就是战乱中两代人最向往的理想生活了。

从辽、金墓葬的茶主题壁画中，不难发现宋、辽、金生活习俗上的诸多共同点，包括相似的饮茶文化和丧葬习俗。从壁画内容上看，辽、金使用的茶具与宋非常相似，这通过辽、金墓葬中的随葬品也能得到印证。辽代墓葬中随葬的茶具多为瓷器，部分贵族墓葬中出土有银质茶具，如内蒙古赤峰大营子辽驸马卫国王墓出土了一套精美的银质茶具。金代墓葬的随葬茶具中既有瓷器也有许多黑釉茶具，如沈阳小北街金代墓出土了黑褐釉铁锈斑纹瓷盏；山西昔阳松溪路宋金墓则出土了一套较为完整的茶具组合，内有砂釜、黑釉茶盏、汤瓶、茶盒以及铜茶匙等。从中可以看出，辽、金不仅在生活中接受了中原的饮茶风俗，而且在丧葬中也受到中原的影响。此外，辽、金饮茶的点茶手法和宋相仿，基本上是将宋饮茶的流程复制了过去。可以说，辽、金上层贵族对饮茶都已经相当熟悉和了解，并不仅仅是形式上的学习。

简简单单的一盏茶，反映着时代的面貌，也总是和撷取它的每个人的命运交织。学习茶的历史，不仅可以看到茶文化的演变，也能看到时代兴衰带给茶与个体的影响，认识其中或有名或无名的人，体会他们的喜悲。

被"隐匿"的元代茶

　　1279 年，崖山海战后，南宋亡。中原广袤的土地再次改朝换代。接替南宋的元朝虽然国祚十分短暂，却是历史上中国第一次由北方的游牧民族统一的朝代。许多论及茶史的书籍中，元代茶常被隐去不谈，说完宋朝茶文化之后就直奔明朝去了，其实，元朝这不足百年的历史对于中国茶文化来说相当重要，因为它连接的是如此迥异的两端，一端是精致得无以复加的宋朝，另一端是崇尚自然的明朝，其间发生的许多变化意义深远。

　　蒙古人在入主中原之前少有对茶的记载，《柏朗嘉宾蒙古行纪》和《鲁布鲁克东行纪》是西方人在蒙古地区的游记，书中详细记述了当时蒙古族的饮食习惯，却没有关于茶的只字片语。民族学资料中关于蒙古族祭奠活动的记述也不见茶的影子。由此我们只能说，最初的蒙古部落并没有受到中原茶文化的影响，是一片茶未涉足之地。在这点上倒不如辽和金。随着蒙古族的日益强大以及和周边民族交往的频繁，他们开始对茶有了一定的了解。金朝境内饮茶之风盛行，蒙古联合南宋灭了金之后，占据了金原先统治的"汉地"，对这源自中原的

茶文化就有了更深的认识。

从 14 世纪开始，茶成为蒙古族推崇的饮品。元朝宫廷在占领地优质的茶叶产区设置了茶场，所产茶叶供蒙古贵族享用。元朝时，武夷茶代替北苑茶成为贡茶，武夷山九曲成为御茶园。成书于元天历三年（1330 年）的《饮膳正要》是由元朝饮膳太医忽思慧所著，这本书是服务于皇帝、助其延年益寿的营养学著作，从中可以一窥当时元朝皇帝及蒙古贵族的饮食情况。其中记载了当时元朝宫廷受到中原汉族和回族等民族的饮食文化影响，饮食中开始有比较多样的蔬菜。与此同时，茶也开始出现在他们的日常生活中，正如元朝诗人马祖常在宫廷中所见："红蓝染裙似榴花，盘疏饤饾芍药芽。太官汤羊厌肥腻，玉瓯初进江南茶。"《饮膳正要》第二卷《诸般汤煎》中记载了元朝宫廷中名目繁多的茶，如枸杞茶、玉磨茶、金字茶、范殿帅茶、紫笋雀舌茶、女须儿、川茶、藤茶、清茶、炒茶、兰膏、建汤、香茶等，品类繁

左图 ‖ [元] 忽思
慧《饮膳正要》

右上图 ‖ 山西省长
治市屯留区康庄村
元墓壁画·侍女备
茶图

右下图 ‖ [元] 黑
釉碗　中国茶叶博
物馆藏

多，虽名字远不如宋代贡茶那么优雅，却说明此时茶已经被元朝皇家及上层贵族所接受。至于从什么时候开始茶和奶结合起来变成了奶茶，则无从考证。

虽说元朝统治者慢慢也开始接受和学习中原的饮茶文化，然而此时喝茶的主力仍然是一天都离不开茶的汉族人，早已养成的饮茶习惯不会因改朝换代而中断，只是因时代变化抑制了宋朝饮茶的奢靡浮夸之风，让它朝更健康的方向发展，其中一些变化深刻地影响了我们今天喝的茶。在宋朝，将团茶或饼茶这类紧压茶碾成茶末烹点是主流饮法，但那时已有散茶出现，紧压茶和散茶的供求对象不同，散茶更多见于民间。到了元朝，随着文人阶层的没落，散茶变得更加普遍。蔡廷秀《茶灶石》

说"仙人应爱武夷茶，旋汲新泉煮嫩芽"，李谦亨《土铧茶烟》说"汲水煮春芽，清烟半如灭"，从这些诗句中不难看出散茶的流行。散茶在元朝日盛也为明朝"废团立散"埋下了伏笔。

更为重要的变化是茶叶的加工方法。唐宋的茶叶多为蒸青绿茶，到了元朝，受散茶普及和流行的影响，不仅蒸青工艺变得更简单，炒法加工也更加流行。元邹铉续编的《寿亲养老新书》有载："采嫩芽，先沸汤，乃投芽，煮变色，挹取，握去水，小焙。中焙欲干，铛内略炒使香，磨碾皆可。坐圃临泉，旋撷旋烹，芳新不类常韵。"说明元人认为经过炒制的茶叶香气更加郁。而在元朝的宫廷里，更以"铁锅烧赤，以马思哥油、牛奶子、茶芽同炒成"（忽思慧《饮膳正要》）。此时炒青工艺虽然尚未成熟，却是今日一统江山的炒青绿茶工艺的开端，意义非凡。

此外，元代茶叶加工为今日做的另一大贡献就是花茶的制作和普及。唐宋时，人们增加茶叶香气的方法不尽相同。唐朝是煎茶时加入姜、薄荷、龙脑、胡椒等香料同煮，宋朝的蜡茶是在制茶环节就直接把香料、膏油加入茶饼。元朝，窨制花茶开始普及，这种以花来窨制茶叶的技术虽然最早见于南宋宗室子赵希鹄所著的《调燮类编》，但元时得到了改良。

元代文人倪瓒的《云林堂饮食制度集》中记录了花茶完整的制作方法：

以中样细芽茶，用汤罐子先铺花一层，铺茶一层。铺花、茶层层至满罐。又以花密盖，盖之，日中晒，翻覆罐三次。于锅内浅水慢火蒸之。蒸之候罐子盖热极取出，待极冷然后开罐取出茶，去花以茶。用建莲纸包茶，日中晒干。晒时常常开纸包抖搬，令匀，庶易干也。每一罐作三、四纸包则易晒。如此换花蒸晒，三次尤妙。

这是利用了茶叶吸附味道的特性，用芳香类的花来窨制茶叶，制作橘花茶或茉莉花茶。比起在茶汤和茶饼中添加香料，用花来窨制借用的是花与茶叶自然的天性，更为自然天成。从这里我们也就不难理解，为什么到了明朝人们饮茶会追求"天趣"。此时，元代花茶窨制已经和今天茉莉花茶的制作方法非常相近。如今老北京人喝到一杯上好的茉莉花茶，心满意足之余当知其源头在此。

除此之外，倪瓒在书中还记录了一种更具"天趣"的花茶制作方法：

就池沼中，早饭前，初日出时择取莲花蕊略破者，以手指拨开，入茶，满其中，用麻丝缚扎定，经一宿，明早连花摘之，取茶，纸包晒干，如此三次，锡罐盛，扎口收藏。

直接把茶叶放入将开未开的莲花中，使其吸取莲花的芬芳。一日一夜，后续晒干，如此三次。每次读完这段，脑中只有四个字：真雅，真闲。每天朝九晚五的我们不禁要问：倪瓒你上班吗？这其实是个令人悲伤的话题，因为不仅倪瓒，宋元朝代更迭之际，很多汉族文人都"无班可上"而隐居林泉，其中有主观的原因也有客观的因素。

自1276年春元兵攻占南宋都城临安起，科举考试便中断了，到1313年元仁宗恢复科举，中断37年，文人士大夫阶层难以沿着"学而优则仕"的道路施展抱负。更严峻的现实是，作为一个蒙古族政权，元朝把不同民族的人分为四等：第一等当然是蒙古人；第二等是色目人；第三等是汉人，这里特指原金统治下的北方汉族人；第四等是南人，指原来南宋统治下的南方汉族人。同时，他们还把社会人群分为官、吏、僧、道、医、工、猎、娼、儒、丐十等，儒生仅排在乞丐的前面，可见当时知识分子的困境。很多人抱着回避现实的态度，不问政治，参禅入道，游历在名山大川之间，隐逸在人间烟火之外，和他们相伴的除了笔墨纸砚之外，还有茶。于是，我们时常在《元诗选》中读到这样的诗：

> 汩汩兵犹竞，凄凄兴莫赊。娇儿将学语，稚子惯烹茶。乱后添新鬼，春归发旧花。十年湖海志，

羁思满天涯。（金涓《乱中自述·其一》）

　　大隐从来居市城，幽栖借得草堂清。乌啼花雨疏疏落，鹿卧岩云细细生。石眼汲泉煎翠茗，竹根锄土种黄精。艰危随处安生理，何必青门学邵平。（陈高《寓鹿城东山下》）

　　董其昌在《画禅室随笔》中写道："元时惟赵文敏、高彦敬，余皆隐于山林称逸士。"今天被我们津津乐道的"元四家"中，倪瓒隐居于太湖之滨，黄公望倾情于富春的山水，吴镇栖居在嘉禾一带，王蒙游迹遍布杭州黄鹤山麓。今天我们在博物馆中欣赏元代绘画时，不自觉地会被画中的隐逸之趣吸引，却忽略了画中隐藏的无奈。

左图‖[元]何澄《归庄图》(局部) 吉林省博物馆藏

右图‖[元]刘贯道《消夏图》 美国纳尔逊·阿特金斯艺术博物馆藏

何澄的《归庄图》取自东晋陶渊明《归去来兮辞》的诗意，却让嗜酒的陶渊明喝上了茶，其中备茶的情景描绘的是宋元时流行的点茶。几个女子一人双手持汤瓶，一人在大碗中点茶，一人将带托的茶盏排好，等候碗中茶汤点好分到茶盏里。

刘贯道的《消夏图》中，一高士卧于榻上，右手挥麈，像是魏晋名士王羲之坦腹东床，然而床榻后的屏风则像是绘制了作者的另一个理想空间：同样是一人卧于榻上，有两名仆童正为其烹茶。屏风上亦绘有屏风，画中有画，虚虚实实如庄周梦蝶，透露着画家的"老庄"情结。

元代《扁舟傲睨图》虽不见作者姓名，却是我特别喜欢的一幅元画。远处层峦叠嶂，山寺掩映其间，近处坡岸老松，不系之舟停泊水边。舟上一翁一仆一船工，另有书一函、琴一张、香一炉、花一瓶。画中有元代诗人张翥的题诗："傲兀扁舟云水滨，笔床茶灶日随身。

底须别觅君家号，又是江湖一散人。"真是画中解语人。

前文提及的为我们贡献了花茶制法的倪瓒，身为"元四家"之一，写景极简，极少画人，他画中有不少茶的踪迹。

《安处斋图》右下方题诗透露出他的心迹："湖上斋居处士家，淡烟疏柳望中赊。安时为善年年乐，处顺谋身事事佳。竹叶夜香缸面酒，菊苗春点磨头茶。幽栖不作红尘客，遮莫寒江卷浪花。"

同为"元四家"的王蒙有一幅《春山读书图》，现藏于上海博物馆。画中描绘了高山松林下的隐士生活。画中有自题诗一首：

阳坡草软鹿麋驯，抱犊微吟碧涧滨。曾采茯苓惊木客，为寻芝草识仙人。白云茅屋人家晚，流水桃花古洞春。数卷南华浑忘却，万株松下一闲身。春尽登山四望赊，碧芜流水绕天涯。松云瀑响猿公树，萝雨烟深谷士家。露肘岩前捣苍术，科头林下煮新茶。紫芝满地无心采，看遍山南山北花。

麋鹿碧涧，茯苓芝草，白云茅屋人家，流水桃花古洞……诗中所写的哪里是隐士的生活，简直是宛如神仙一般的日子。画中人在这样的环境中读数卷《南华经》，忘却世间一切烦恼，安心做一闲人。春天在岩前捣苍术，林下煮新茶，看遍山南山北花，多潇洒的日子！他如果

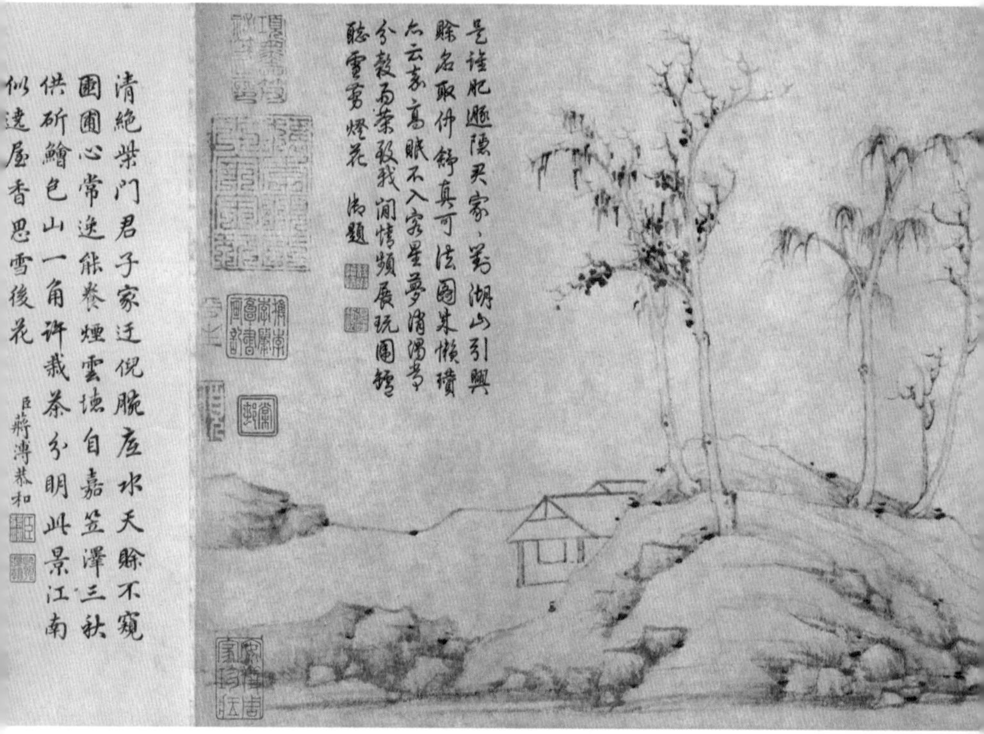

毫谁肥遯陳天家，蜀湖山引興
除名取仕舒真可法圖朱懶墳
太云家高眠不入字星夢消涓等
分穀為業致我閒情頻展玩圖韻
臥雲窗煙花　御題

清絕柴門君子家迂倪盧水天賒不窺
圍圃心常逸繞卷煙雲塢自嘉笠澤三秋
供研繪邑山一角許栽茶分明此景江南
似遺屋香思雪後花
臣蔣溥恭和

湖上齋居衰士家淡烟疎柳
墅中餘英時為善年之樂裏
順謀身事之佳竹葉夜香江
雨酒菊陶春照磨頭茶匹樓
不作紅塵客應莫寒江捲浪
花八月墅日寫安處齋為并
賦長句他賞

[元] 倪瓚《安处
斋图》 台北故宫博
物院藏

真的甘于这样的生活该有多好，然而晚年的王蒙，在元
被明所灭之后，以为终于等到施展抱负的机会了，于是
下山出仕，任山东泰安知州，最终却受到胡惟庸案牵连
死于狱中，令人唏嘘。

元朝的蒙古族统治者虽然看低南人一等，却丝毫不
妨碍他们发现茶的"价值"——来自南方的茶叶可以让
国库充盈，于是元朝沿袭宋代的榷茶制度，并建立了更
完善的"茶引法"。所谓"茶引"，是指茶商缴纳茶税后
获得的茶叶专卖凭证。茶商贩茶的流程是纳课请据—凭
据取茶—以据换引—凭引运销—贩毕退引。元代的榷茶
税，早期并不算重，中后期榷茶政策数次改制，榷茶税
越来越沉重。官府大肆横征暴敛，后期国库亏空则更是
变本加厉，根本不考虑茶农和茶商的承受能力。元朝廷
为了保证茶税课额，要求茶课数额不能低于上年，运司
官就把风险转嫁给了茶农和茶商，粗暴简单地实行"配

额"，强迫茶商和茶农认购。元代后期甚至出现了茶农将所有茶叶上交仍不能缴满茶税的现象。"徽、宁国、广德三郡，岁入茶课钞三千锭，后增至十八万锭，竭山谷所产，不能充其半，余皆凿空取之民间，岁以为常"（宋濂《元史》），从至元十三年（1276年）初次实行茶引法到延祐六年（1319年），43年间，茶引价格暴增近30倍，到了天历二年（1329年）茶课额增长了240余倍，加之元末通货膨胀，增速惊人。茶引价格激增使得茶叶价格一路飙升，于是私茶贩卖屡禁不止。元朝打击私茶的力度愈来愈大，鼓励告密，实施连坐，人民怨声载道。除了茶税之外，还有盐税、酒税、醋税等，从天历年间可考的赋税来看，茶税仅低于盐税和酒税。元末大规模农民起义多发生在江淮、湖广，也未尝不是苛征茶税的苦果。

至正四年（1344年），一位叫朱重八的放牛娃入皇觉寺为僧，后来他加入了江淮地区郭子兴领导的红巾军抗元。1368年正月，他在南京登基，国号大明。中华大地再次回归到汉人的手里，文化重归正统，茶文化也将迎来一次新的革新，通往更繁盛之地。

第五章

明　代

当茶走到精益求精的极致之后，

转而回归其本真。

"求真"

是明代茶之精神的核心。

明代茶的返璞归真

经常听到一句话，说茶兴于唐盛于宋，我并不认同。宋朝占主流的紧压茶，所谓龙团凤饼，从原料选择到制作工艺穷工极巧，点茶的品饮方式也需要高超的技巧，仪式感和审美大于实用，并不利于普及，民间更多的则是沿袭唐朝的煎茶方式，并开始出现散茶，只是我们现在能看到的宋代茶资料，包括茶书、诗文、绘画等材料都出自文人之手。从心理上，我更愿意视宋茶为一次艺术性的尝试。元朝，随着文人阶层的式微，茶开始回归理性和自然之法。到了明朝，茶才到达全面兴盛的顶峰。

说到明代茶文化的革新，不得不提到明朝的第一位皇帝朱元璋。朱元璋当然算不上一位茶人，然而每一部论及明代茶史的书都会提到他，巧的是他早年也是一位僧人。朱元璋是出了名的"乞丐皇帝"，他生于安徽濠州（今凤阳）的贫苦农家，父母以上几代都是农民出身。至正四年，一场瘟疫夺走了他的父母及大哥的生命，走投无路的朱元璋在皇觉寺出家为僧。乱世之秋，寺院僧多粥少，不久朱元璋被迫加入了化缘的僧团队伍。等他再回到皇觉寺，寺里早已布满尘丝蛛网，一派荒凉。

几年后，战火燃至濠州，朱元璋也被卷入农民起义的洪流之中，几番浴血磨砺，成为明朝开国皇帝。这些好像和茶都没太大关系，其实不然。朱元璋的出生地安徽自古就是茶区，而且我们在前面也多次提到茶与寺院关系密切，从宋元开始，制茶、贩茶也是寺院的一项盈利项目，朱元璋对茶并不会陌生。再加上他四处云游，见民生凋敝，见世道不公，贫苦人家出身的朱元璋也很擅长从宋元历史中借鉴和吸取教训，于是他在登基 24 年后做了令自己名留茶史的决定：废团立散。

1391 年，朱元璋以团茶劳民伤财为由，下诏废除了福建建安北苑团茶的进贡，并禁造团茶，改为制作叶茶，也就是散茶。这条诏令非常重要。宋元时期的贡茶是由朝廷委派官员到地方直接征收和管理的，而明太祖则下令贡茶由茶户自行上缴，有司不必干预。这当然是体恤茶户的举措，却不太行得通，于是"祀典贡额犹如故也"，地方府县向朝廷进贡的茶叶仍是明代贡茶最主要的部分。明初这些贡茶的府县主要在浙江、江西、湖广、福建，后逐渐增扩到四川、广东、贵州、安徽等地。越到后面，明朝的贡茶制度暴露出的问题越多，这个留待后面再叙。

朱元璋"废团立散"的诏令顺应了当时团茶、饼茶等紧压茶制造及点茶法日衰而散茶加工及品饮之风日盛的趋势，然而我们常说流行于明朝的瀹饮法，并非在明朝立国之初就已出现。虽然朱元璋的诏令使得散茶大兴，但文人雅士所推崇的仍是将散茶烹点啜之。明初朱权所著的《茶谱》中如此写道：

> 然天地生物，各遂其性，莫若叶茶，烹而啜之，以遂其自然之性也。予故取烹茶之法，末茶之具，崇新改易，自成一家。

书中他所罗列的茶具条目，如茶磨、茶碾、茶罗、茶匙、茶筅等确实都还是饮用末茶所用的工具。饮茶的方式也是由唐煎、宋点等诸多元素杂糅而成。朱权为明太祖朱元璋第十七子，明成祖朱棣同父异母的兄弟，朱棣称帝之后，他为表示自己无心争天下而终日醉心琴学茶道，"栖神物外，不伍于世流，不污于时俗"，他的饮茶方式可代表当时宫廷贵族及文人阶层的普遍情况。而被我们今天视作明朝典型饮茶法的瀹茶法要到明中期之后才出现。

何为瀹饮法？《说文解字》说"瀹，渍也"，也就是把茶叶浸渍在水里。这和今天泡茶的方式类似：用煮水壶烧开水，用茶壶来泡茶，再注入茶杯，使茶、水分离。明中期之后，炒青绿茶日渐流行，用茶壶瀹茶的饮用方法渐成风气。万历年间沈德符所撰的《野获编补遗》记载："上以重劳民力，罢造龙团，惟采芽茶以进……按茶加香物，捣为细饼，已失真味……今人惟取初萌之精者，汲泉置鼎，一瀹便啜，遂开千古茗饮之宗。"当

时就有很多人认为此举"简便异常，天趣悉备，可谓尽茶之真味矣"。如此，流行于唐宋的烹点末茶的品饮方式发生了革命性的改变。

品饮方式的转变势必会带动茶器具的改变。之前在唐宋画中常见的茶槌、茶碾、茶磨、茶罗、茶筅等都纷纷随着末茶的没落而消失了，而最显著的转变还要论茶壶和茶碗的变化。

唐代用茶镀或铫子煮水，宋代用汤瓶煮水，汤瓶也并非都用来煮水，明初人们也会将茶叶放入束口的汤瓶来烹煮，再将茶水倒出饮用。明中后期，壶的功能细分了，既有用于煮水的壶，又有用来泡茶的壶。今天常用来煮水的提梁壶亦在明朝的文人画中有出现。明代用于泡茶的茶壶从唐宋时期的煮水器演变而来，到万历年间，其功能完全从煮水器分离出来。由张源所著并刊于明万历年间的《茶录》中详细记录了以茶壶泡茶之法：

探汤纯熟便取起，先注少许壶中，祛荡冷气，倾出，然后投茶。茶多寡宜酌，不可过中失正。茶重则味苦香沉，水胜则色清气寡。……罐熟，则茶神不健；壶清，则水性常灵。稍俟茶水冲和，然后分酾布饮。酾不宜早，饮不宜迟。早则茶神未发，迟则妙馥先消。

也就是说，泡茶前要先用沸水涤荡茶壶，茶叶要不

多不少恰到好处，倒出茶汤的时机不可太早或太迟。许次纾《茶疏·烹点》中，这个时机更加具体：

> 先握茶手中，俟汤既入壶，随手投茶汤，以盖覆定。三呼吸时，次满倾盂内，重投壶内，用以动荡香韵，兼色不沉滞。更三呼吸，顷以定其浮薄，然后泻以供客，则乳嫩清滑，馥郁鼻端。

对于用以泡茶的茶壶，明人称为"茶注"，多见的材质是陶和瓷，金、银、铜、锡也各有所好。"不夺茶真香，又无熟汤气"的宜兴紫砂壶在明代中期之后成为茶器中的新贵。

许次纾《茶疏·瓯注》曰：

> 茶注，以不受他气者为良，故首银次锡。上品真锡，力大不减，慎勿杂以黑铅。虽可清水，却能夺味。其次，内外有油（通釉）磁壶亦可，必如柴、汝、宣、成之类，然后为佳。然滚水骤浇，旧瓷易裂，可惜也。近日饶州所造，极不堪用。往时龚春茶壶，近日时彬所制，大为时人宝惜。盖皆以粗砂制之，正取砂无土气耳。

紫砂壶自明中期开始越来越被茶人重视，一直魅力不减，龚春、时大彬的名家名壶一度价比黄金。

为得"茶之真味"，泡茶壶也越来越小，如冯可宾《岕茶笺》之《论茶具》中所述："茶壶以小为贵。每一客，壶一把，任其自斟自饮，方为得趣。何也？壶小则香不涣散，味不耽阁；况茶中香味，不先不后，只有一时。太早则未足，太迟则已过。的见得恰好，一泻而尽。化而裁之，存乎其人，施于他茶，亦无不可。"小茶壶自然没有配大茶碗或茶盏的道理，于是乎，随着茶壶变小，品茶的茶瓯也愈加小巧。除了尺寸变小之外，还有个显著的变化非常"醒目"，那就是对颜色的偏好。关于这个变化，朱权在《茶谱》之《茶瓯》中说得非常清楚：

> 茶瓯，古人多用建安所出者，取其松纹兔毫为奇。今淦窑所出者与建盏同，但注茶，色不清亮，莫若饶瓷为上，注茶则清白可爱。

朱权饮茶行的是"烹茶之法"，用的是"末茶之具"，并不需要在茶盏中击拂出泡沫，所以宋代流行的黑釉建州茶盏毫无优势。他认为景德镇所产的白瓷最适宜，因为白瓷可以让茶汤"清白可爱"。

许次纾也主张用白瓷，"茶瓯，古取建窑兔毛花者，亦斗碾茶用之宜耳。其在今日，纯白为佳，兼贵于小"（《茶疏·瓯注》）。无论是宋尚黑盏还是明尚白瓯，都是茶器服务于茶汤的典型案例，值得今天制作茶器的匠人们学习。

在中国几千年瓷器的历史中，让瓷器更"白"一直是制瓷工匠们努力的一个方向，到了明永乐年间，景德镇御窑厂烧制出胎质细腻、釉色白润的甜白瓷，中国的瓷器终于到达了"白"的顶峰。白瓷适宜观察茶汤的颜色及其变化，直到今天，专业的品茶使用的都是纯白瓷。

以上关乎茶壶和茶瓯的显著变化都源自散茶的流行，而这些改变尚不能称为一场"伟大的革命"，更重要的革新还是制茶方法的变化。唐朝的煎茶和宋朝的点茶只是品饮方式不同，其根本都是末茶。从制茶方式来讲，唐宋制茶以"绿茶"为主，杀青方式和今天的炒青不同，属于蒸青。散茶在明朝代替饼茶、团茶成为贡茶，无疑加速了散茶的精细化生产和工艺的换代。自明朝开始，散茶的制作工艺突飞猛进。摒弃了末茶的明人也渐渐不用蒸青，而是在元的基础上改良了炒青工艺，选择用火力来催发茶叶自身的香气，形成了明代独具特色的炒青制法。许次纾在《茶疏·炒茶》中详细叙述了明万历初年的炒青法，其步骤是先把茶树鲜叶放入锅中高温杀青，而后直接烘干。同时代的张源在《茶录》中记录此过程，增加了一道"团那"（揉捻）的工序。稍晚些的罗廪在其《茶解》中在《茶录》所载基础上又增加了"摊凉"与"复炒"两道工序，整个流程分为高温杀青、摊凉、揉捻、复炒、烘干五道工序，标志着散茶的炒青工艺的基本定型。除绿茶外，随着揉、搓、炒、焙、发酵等工艺陆续被聪明的制茶人发明并灵活运用。自明始，在这些工艺的运用下还渐渐发展出了黑茶、青茶（乌龙茶）、红茶等多种茶。

黑茶最早见于明嘉靖三年（1524年）御史陈讲的奏疏中。乌龙茶在清初王草堂的《茶说》中就有记载，说明清之前武夷山一带就有制作半发酵的武夷岩茶。书中记载的制作工艺非常详细：

武夷茶……茶采后，以竹筐匀铺，架于风日中，名曰晒青，俟其青色渐收，然后再加炒焙。阳羡、岕片，只蒸不炒，火焙以成。松萝、龙井，皆炒而不焙，故其色纯。独武夷炒焙兼施，烹出之时，半青半红，青者乃炒色，红者乃焙色。茶采而摊，摊而摝（意为摇），香气发越即炒，过时不及皆不可。既炒既焙，复拣去其中老叶枝蒂，使之一色。

直到现在，武夷岩茶的制作方法仍与此无二，半青半红依然是乌龙茶的典型特征。

如今在全世界拥有最广泛受众的红茶，其起源虽不见于文字，但目前最普遍的说法是明朝时期武夷山茶农发明的"正山小种"是红茶的鼻祖。

简而言之，我国自明始，单一的绿茶类就逐步发展到现在的多种茶类，其中每一步都凝结着茶人丰富的想象力和智慧，而其内在的动力只有一个：顺应茶的天性，发掘出茶中真香，尽可能地享受由茶带来的自然真趣。

有一类人深谙其中道理，那就是明朝的文人们。如果说宋代文人点茶、焚香、插花、挂画仍未走出自己的居室的话，明代的文人则更加强调品茶时对自然环境的审美，于是他们在山水之间搭建茶空间以安放茶灶和自己的心灵。溪水泉声、树声风声、壶中水沸之声合鸣，茶与身心也都回归了自然本真。

茶寮，明代文人的"蓬莱山"

茶的历史发展到明朝，有一个特别明显又非常有趣的现象：专属茶空间开始在文人中流行。如果要探究历代的饮茶空间，最直观的方法是在当时的绘画作品中寻找。唐画《萧翼赚兰亭图》辩才请萧翼喝茶发生在僧房，《调琴啜茗图》饮茶是在户外的庭院中；宋画《文会图》《撵茶图》饮茶也都是在户外庭院；辽金墓葬壁画饮茶的场景是家中厅堂。这些都不是文人专门用来饮茶的空间。而到了明朝，茶画中文人品茗的专属茶空间开始成规模地出现了。

沈贞是"明四家"之首沈周的伯父，他的山水画师出董源。成化七年初夏，他游毗陵（今江苏常州）时路过竹炉山房，为普照法师绘制了一幅《竹炉山房图》，从中可以一窥明代文人茶空间的个中奥妙。画中山峦耸立，竹炉山房建于一片幽篁之中，门前溪水潺潺。斗室中，沈贞与普照法师隔桌对坐品茶谈禅，门外一小僧催火煮茶。竹炉山房前面还有一禅室，说明他们饮茶的空间和禅室在功能上是分开的。

也许你会好奇，怎么能断定这些空间就是饮茶专属

成化辛卯初夏余遊昆陵
遇竹爐山房得普照師、
酌竹林深處談詒間出素紙
索畫余時漢醉挑燈戲作此
圖以供清賞
南齋沈貞〔印〕〔印〕

陛下申除惠泉
竹枨十村題州
詩簡六戒此香
湯慎恭絪溪爪
三百年
南齋評松茄處

左图‖[明]沈贞
《竹炉山房图》 辽
宁省博物馆藏

右图‖《竹炉山房
图》(局部)

中
国
人
的
茶
事

的呢？我们不妨以台北故宫博物院收藏的文徵明《品茶图》为例仔细看看。

《品茶图》中，茶空间分为左右两室，左边一室空间不大，主客相对饮茶清谈，桌上一壶两杯一函书，除此之外再无其他家具和陈设。右边一室有一茶童正在烧水，他身后有茶瓶、茶杯。在明朝，这类建筑有个专有的名字叫"茶寮"。"寮"，小屋的意思。茶寮，源于寺院中喝茶的僧寮，随着宋元寺院中发展出了充满仪式感的饮茶清规，僧人们会集中在专门辟出的僧房内饮茶，慢慢地，这类僧房就演变为茶寮。随着文人与寺院僧人的交往频繁，茶寮在明朝文人生活中普及和流行起来，这在明朝的茶书及文人的小品中也得到了验证。

明代很多茶书都提到了茶寮，最典型的要数陆树声的《茶寮记》。在书中，陆树声描述了自己设计的茶寮以及他在茶寮中的饮茶生活：

园居敞小寮于啸轩埤垣之西。中设茶灶，凡瓢汲罂注、濯拂之具咸庀。择一人稍通茗事者主之，一人佐炊汲。客至，则茶烟隐隐起竹外。其禅客过从予者，每与余相对结跏趺坐，啜茗汁，举无生话。

茶寮中放置有茶灶、茶瓢、茶罂和茶注等。在茶寮中除饮茶外，还可谈禅修行。

许次纾的《茶疏》也记载了茶寮。其中《茶所》一篇说道：

小斋之外，别置茶寮。高燥明爽，勿令闭塞。壁边列置两炉，炉以小雪洞覆之，止开一面，用省灰尘腾散。寮前置一几，以顿茶注、茶盂。为临时供具，别置一几，以顿他器。傍列一架，巾帨悬之，见用之时，即置房中。斟酌之后，旋加以盖，毋受尘污，使损水力。炭宜远置，勿令近炉，尤宜多办，宿干易炽。炉少去壁，灰宜频扫。总之，以慎火防蒸，此为最急。

许次纾的茶寮中，放置的茶具有茶注、茶盂，还有放置茶具的茶几。还特别提到了作为燃料的炭，贴心地提醒注意用火安全。

更多时候我们是从明人笔记和小品中读到关于茶寮的记录，并向懂得享受的明朝文人投以羡慕的目光。高濂《遵生八笺》专有《茶寮》一章:"侧室一斗,相傍书斋,内设茶灶一,茶盏六,茶注二,余一以注熟水。茶臼一,拂刷、净布各一,炭箱一,火钳一,火箸一,火扇一,火斗一,可烧香饼。茶盘一,茶橐二,当教童子专主茶役,以供长日清谈,寒宵兀坐。"茶注及茶壶,其中一个是专门注烧好的水的。茶臼、拂刷都是宋代点茶使用的工具,高濂所处的时代是明朝中期的嘉靖、万历年间,可以看到他此时的饮茶方式还有宋代饮用末茶的遗风。

综观明朝文人对"茶寮"这种专属茶空间的描述,不难看出它有三个典型特征:第一,小;第二,它与书斋相邻;第三,这个空间兼顾修禅论道的精神修养。

陆羽在《茶经》中就说过:"(茶)为饮,最宜精行俭德之人。"茶寮自然不宜太大或者过于豪华,多是茅草屋而已,在山水自然之间不显突兀。茶寮相伴书斋,侧面说明茶寮和书斋并不通用,这又是为什么呢?想来是茶寮煮水煮茶需要用到炭火,书斋藏书最怕的就是火,然而文人在茶寮之中也有读书的需要,与书斋相邻,取用书籍自然方便。

中国文人有个传统:入仕以儒家为准则,修身齐家治国平天下,一旦仕途走不通,则在佛经及老庄哲学中寻求精神安慰和平衡,这也可以说是中国文人的智慧。明朝初建之时,朱元璋对汉传佛教有所扶持,禅宗、净土、天台、贤首、律宗等佛教宗派都渐渐恢复,改变了元代藏传佛教独尊的局面。传统宗教发展却呈现出多元融合的态势，加上明代理学、心学的发展，明代高僧元贤更提出"教必归理"，至此明代三教合一的序幕逐渐被拉开。而在朝堂之上，朱元璋开始重典治国，在政治的高压下一片风声鹤唳。到了中后期，明朝的官僚体系日渐昏聩，纲纪废弛，宦官专政，朋党之争越发激烈，居于庙堂之上的文人士大夫随时都有可能卷入政治的旋涡之中。那些官场失意的文人士大夫钟情于优雅散逸的生活，同时也希望能在与高僧的参禅论道中明心见性，摆脱尘世的染缸。明代，文人去往寺院与僧人一起参禅的甚多，乐纯所著的《雪庵清史》中记录了诸多居士"清课"——焚香、煮茗、习静、寻僧、奉佛、参禅、说法、作佛事、翻经、忏悔、放生等事，其中煮茗排第二。写了《茶寮记》的陆树声闲居期间与禅僧交往频繁，"时杪秋既望，适园无诤居士与五台僧演镇、终南僧明亮，同试天池茶于茶寮中"。李日华与道光禅师交往甚密，其《赠道光老禅》一诗描绘了他们一起饮茶的场景，道出了禅机佛理：

> 一室绝尘虑，焚香坐悄然。
> 竹敲松子下，泉迸石痕穿。
> 灯火身为伴，茶铛手自煎。
> 谁言不出户，来往第三禅。

陆树声《茶寮记》中还列举了最佳茶侣：翰卿墨客，

缁流羽士，逸老散人，或轩冕之徒。其中的"缁流"是指寺院中的僧人，"羽士"则是道士。明代文人追求茶中真味，这又与道家"修真"达到了精神上的契合。从明代茶寮的流行中，我们也看到了其与道家思想千丝万缕的联系。清代陆廷灿《续茶经》中记录了一条由云泉道人悟出的茶理："凡茶肥者甘，甘则不香；茶瘦者苦，苦则香。"可以看出这位道士不但嗜茶，而且精于茶道。

《续茶经》中还记载了一位颇具传奇色彩的徐姓道人：

居庐山天池寺，不食者九年矣。畜一墨羽鹤，尝采山中新茗，令鹤衔松枝烹之，遇道流，辄相与饮几碗。

这位隐于庐山的道士，九年不食，只喝茶。他与鹤为伴，平时由鹤衔来松枝烹茶，遇到同道中人会一起喝几碗茶。

文人在自己营建的茶寮内也实践着他们心中的隐逸理想。比起在朝堂中角斗，一些文人士大夫更愿意闲居避世，过着陆羽、卢仝一样的日子。嘉兴人李日华性情"和易安雅，恬于仕进"，居家20余年，以作诗文书画、鉴赏、品茗为乐。他在其著作《六研斋三笔》里把"茶寮"描绘成了一处精神家园：

洁一室，横榻陈几其中，炉香茗瓯，萧然不杂他物，但独坐凝想。自然有清灵之气来集我身。清灵之气集，则世界恶浊之气亦从此中渐渐消去。

同为嘉兴人的冯梦祯遭弹劾免官后，在西湖孤山之麓"筑室"闲居，学道人装束，有"禅灯丈室，清歌洞房"之胜。他在其著作《真实斋常课记》中自述他的书斋十三事：随意散帙（包裹书画的布套）、焚香、瀹茗品泉、鸣琴、挥麈习静、临摹法书、观图画、弄笔墨、看池中鱼戏、听鸟声、观卉木、识奇字、玩文石。在他的《快雪堂日记》中，茶事更是随处可见：

（万历十八年四月）初六，雨，夜始不闻雨声，稍寒。作《潘去华报书》。贮天落水烹茶。天落水虽不及梅水，亦堪烹茶。夜读《选·赋》。

"天落水"即雨水，"梅水"则是梅雨时节的雨水。如此闲适雅致的生活，也让邻邦羡慕不已。此时明朝与日本商贸往来频繁，明朝饮用散茶的风尚也传至日本。明末禅宗名僧隐元隆琦东渡日本成为煎茶道始祖，日本煎茶道崇尚自由和文人修养，与明朝茶文化一脉相承。当时明朝商船除了带去中国的瓷器等"唐物"之外，还有大量书籍，比如高濂的《遵生八笺》、屠隆的《考槃余事》等，这些来自中国的书籍非常畅销，甚至出现了

"和刻本"，而书中那些直观表现明朝文人生活的插画更广为流传、令人称羡，亲近自然、带着遁世之风的"茶寮"立刻被保有无常观的日本市民阶层接受和模仿。日本江户时代后期的著名作家上田秋成在他的煎茶著作《清风琐言》中记载，朋友家的别墅中有一处叫"居然亭"的茶寮，屋顶以茅草做成，房间内一角置有煎茶用的火罩，明显是受到明朝文人茶寮的影响。

也许每个人心中都渴望有这样一个空间角落，可以饮茶看书、独处发呆、与友清谈。明朝人则把这个理想的空间造了出来。茶在中国人的精神与哲学的思考中也成为正能量的推手。从茶文化发展之初，酒具、茶具、餐具混用，到此时饮茶已经有了专属的空间，不得不说，茶在人们日常生活中的参与感和影响力也达到了巅峰。

茶学的"黄金时代"

中国茶文化在历史上有许多"高光时代"，宋朝无疑是一个，但这束高光是来自茶的艺术化表现。明朝紧随其后，经常被宋朝的高光遮蔽，然而我认为明朝才是真正的茶文化隆兴之时，其中一个显著的特征是以茶书出版为代表的茶学黄金时代的到来，同时一个不可忽视的重要变化是，撰写茶书的作者由宋代督办贡茶的官员变为更广泛的文人群体。这就好似我们这个时代电子计算机到个人电脑的普及是从研发人员、相关从业者扩散到日常使用者的。明朝中晚期，文人躲在茶寮中饮茶读书没白白浪费时间，他们并未停留在饮茶的层面，而是更多把自己在茶文化方面的经验通过撰写茶书分享给了更多人。明朝文人群体写出了中国古代半数的茶书，这些茶书是我们认识明朝茶文化的"金钥匙"，虽然今天对于明代茶书的研究比起唐宋来说还很薄弱。

现在我们能见到的明代茶书有多少呢？根据《中国古籍善本书目》统计，有50余种，还不包括诸如《长物志》《遵生八笺》《蜀中广记》等著作中涉及茶的篇章，而且这50多种茶书只是曾经存在过的明代茶书的一小部分，更多的则湮没于历史的尘烟中。明朝国祚276年，初期茶书仅朱权《茶谱》一本，中期茶书成书6本，到了后期茶书大量出现，有43本之多。这也许是因为明晚期文人开始重视致用之学，也可能得益于当时出版业的发达和私人书商的活跃。

这些茶书作者，今天都用"文人"来称呼他们，实际上可以细分为两类，一类是没有长时间当朝为官的"文人"，另一类则是长期担任官职的"仕人"，其中那些没有什么为官经历或是终身不仕的文人几乎占了明代茶书作者的一半，是撰写茶书的绝对主力，如写《煎茶七类》的徐渭、写《茶疏》的许次纾、写《茶话》的陈继儒、贡献了《阳羡茗壶系》和《洞山岕茶系》的周高起等。以撰写《煮泉小品》的田艺蘅为例，虽然其父亲在朝为官，他自己也颇有文采，无奈他考场上运气不太好，考了7次都没中，只做了几年的徽州训导就回家休养了。回家后，他常年讲学于杭州各大书院，著作颇丰。《明史》中说他"性放诞不羁，嗜酒任侠"。他的朋友赵观为《煮泉小品》作序，如此评价："田子艺夙厌尘嚣，历览名胜，窃慕司马子长之为人，穷搜遐讨。固尝饮泉觉爽，啜茶忘喧，谓非膏粱纨绮可语。爰著《煮泉小品》，与漱流枕石者商焉。"话中说到的"膏粱纨绮"可以理解为富贵人家，而与之相对的"漱流枕石"则是山人隐士了。田艺蘅的人生经历在明中晚期文人中很有典型性。

除了像田艺蘅这样未仕的文人之外，在官场为官的仕人也是明代撰写茶书的重要一类人物。茶是他们在复杂的官场、繁忙的政务中聊以慰藉之物。曾任知县、礼部主事的屠隆著有《茶说》，曾在福州为官10余年的喻政著有《茶书全集》，曾任长兴知县、兵科给事中、南京右佥都御史的熊明遇著有《罗岕茶记》，这些书在日本亦有翻印。官至太常寺卿的龙膺著有《蒙史》，他的学生朱之蕃曾这样评价他："吾师龙夫子与舒州白力士铠夙有深契，而于瀹茗品泉，不废净缘。顷治兵湟中，夷虏款塞。政有余闲，纵观泉石，抉剔幽隐。得北泉甚甘烈，取所携松萝、天池、顾渚、罗岕、龙井、蒙顶诸名茗尝试之。"可以看出龙膺即便在十分繁忙的军务中仍不废茶事，可见痴迷之深。陆树声在《茶寮记》中营造了闲适的品茗氛围，事实上，《明史》中的陆树声是典型的儒士形象：

举嘉靖二十年会试第一。选庶吉士，授编修。三十一年，请急归。遭父丧，久之，起南京司业。未几，复请告去。起左谕德，掌南京翰林院。寻召还春坊，不赴。久之，起太常卿，掌南京祭酒事。严敕学规，著条教十二以励诸生。召为吏部右侍郎，引病不拜。隆庆中，再起故官，不就。神宗嗣位，即家拜礼部尚书。

老蓮洪綬畫於柳橋

陆树声为官淡泊名利，屡辞屡就，每次辞官都使他的名声愈发响亮。他为官清廉，学生众多，兵部尚书袁可立、礼部尚书董其昌皆是他的得意门生。然而当茶烟在竹外茶寮隐隐升起时，曾宦海沉浮的陆树声远离流俗，雅意禅栖，期望能在其中悟到赵州禅师"吃茶去"的禅机，"安知不因是遂悟入赵州耶"？

不可忽视的是，明代的茶书作者当中还有两位皇室宗亲，宁王朱权和益端王朱祐槟。一位是明太祖朱元璋第十七子，获封邑大宁，人称"宁王"，另一位是宪宗朱见深的第六子，藩于建昌（今属江西抚州）。这两位皇亲所著茶书都以《茶谱》为名。朱权在《茶谱》里写了他韬光养晦的无奈和借茶论道的哲思："本是林下一家生活，傲物玩世之事，岂白丁可共语哉？予法举白眼而望青天，汲清泉而烹活火，自谓与天语以扩心志之大，符水以副内练之功，得非游心于茶灶，又将有裨于修养之道矣，岂惟清哉？"而对于朱祐槟来说，茶是他精行俭德品行的注解，《明史》记载他"性俭约，巾服浣至再，日一素食。好书史，爱民重士，无所侵扰"。

无论是不出仕的文人抑或是士大夫、宗亲，这三类几乎是广义的"文人"最常见的三种类型。从明朝浩繁的茶书中，我们不仅看到茶树的栽培，茶叶的采摘、制作和收藏等信息被如实地记录下来，还发现，其中对茶的一些认识也远超唐宋。比如唐代陆羽认为野生茶的品质高于种植茶，所以在《茶经》中丝毫未记载对茶园的管理，宋代的赵汝砺在《北苑别录》中的《开畬》稍有提及，而在明代茶书中，基本不再提及野生茶。这里需要说明的是，陆羽所说的野生茶与我们今天常说的野放茶并不是同一概念，是指未经人工驯化的茶树品种。明代的茶树栽培技术相比陆羽时代有了很大的提高，明代的诸多茶书都对茶树的种植方法和生长环境、茶园管理做了较为全面的论述，可以视之为明代茶业繁荣的一个表现。

在茶的制作方面，明代茶书普遍反对宋代穷极精巧的龙团凤饼，主张更为自然的散茶，当时记录在茶书中的散茶有炒青茶、蒸青茶、晒青茶三种。经过元朝的铺垫，炒青绿茶此时已经非常普及，比如今天无人不知的龙井茶早在明朝中期就已经名满天下。在明代多本茶书中，龙井茶都被极力推荐，如万历年间屠隆在所著《茶说》中如此介绍龙井：

> 不过十数亩，外此有茶，似皆不及。大抵天开龙泓美泉，山灵特生佳茗以副之耳。山中仅有一二家，炒法甚精；近有山僧焙者亦妙。真者，天池不能及也。

对比一下今天一些老茶客对龙井的认知：只有西湖群山产区的龙井才是龙井，龙井的称谓取自龙泓井，而且龙井茶最早也与寺院的僧人有关……是不是感觉差别并不太大？

屠隆在《茶说》中所写的白茶，同样几乎和我们今天认识的白茶无二："茶有宜以日晒者，青翠香洁，胜以火炒。""青翠香洁"也是今天对一款品质良好的白茶的品评标准。可以说，明朝已经囊括了今天茶叶制作的所有杀青方式，而且从明代的茶书中还能看到明人"因材施作"的智慧，他们会依据不同茶树品种的表现来决定杀青方式。虽然在明朝，炒青已经超越蒸青成为主流，然而制茶人却没有简单粗暴地把炒青运用在所有茶的制作上，其中最典型的要数南直隶宜兴和长兴交界一带生产的岕茶，其是明代蒸青散茶中的经典。晚明闻龙在《茶笺》中论及岕茶制法时如此说道："诸名茶，法多用炒，惟罗岕宜于蒸焙。味真蕴藉，世竞珍之。即顾渚、阳羡、密迩、洞山，不复仿此。想此法偏宜于岕，未可概施他茗。"闻龙认为在诸多名茶中，只有岕茶最适合蒸焙制作。这种依据不同茶青特性选择不同制作方法的做法在明朝之前并不多见，是明人追求茶的自然之趣、释放茶之天性的结果。

在明代茶书中，我们还看到文人自我意识的觉醒。研究明代茶书作者的籍贯可以看出，茶书的作者绝大多数身处南方，南方各省中南直隶和浙江两省最多，其次是江西和福建两省，这些地区都是当时重要的茶区。明代中后期发达的商品经济给文人尤其是江南的文人更多的选择，仕途不再是文人儒生的唯一出路，他们可以开设学堂广收生徒，也可以成为职业的书画家，这也为他们潜心于茶、格物致知赢得了更多时间和空间。茶与书画技艺的精进有一点是类似的，即都需要一个广泛的与同好交游的"圈子"，书画需要多看，茶需要多品，不仅是一家之言，而且是广泛涉猎，志趣相投的友人相互切磋，共同开阔眼界，提高品位。

顾元庆在《茶谱》之序中说："余性嗜茗，弱冠时，识吴心远于阳羡，识过养拙于琴川，二公极于茗事者也，授余收、焙、烹、点法，颇为简易。"可见，顾元庆的茶

事知识很多都来自吴心远和过养拙的传授。

田艺蘅为徐献忠《水品》作序，曰："近游吴兴，会徐伯臣示《水品》，其旨契余者，十有二。……携归并梓之，以完泉史。"

蒋灼所作《水品》之跋曰："予尝语田子曰：吾三人者，何时登昆仑、探河源，听奏钧天之洋洋，还涉三湘；过燕秦诸川，相与饮水赋诗，以尽品咸池、韵濩之乐。徐子能复有以许之乎！"所谓"吾三人"，指的就是徐献忠、田艺蘅和蒋灼自己。

陆树声在《茶寮记》中说僧人明亮和阳羡士人都曾传授他烹点茶的方法，而他们也经常一起在茶寮中试茶：

> 终南僧明亮者，近从天池来。饷余天池苦茶，授余烹点法甚细。余尝受其法于阳羡，士人大率先火候，其次候汤，所谓蟹眼鱼目，参沸沫沉浮以验生熟者，法皆同。……时杪秋既望，适园无诤居士与五台僧演镇、终南僧明亮，同试天池茶于茶寮中。

许次纾撰于万历年间的《茶疏》，也让我们认识了与之以茶相交的两位茶友姚绍宪和许世奇。许次纾写就《茶疏》得益于两位好友的鼓励。姚绍宪在为《茶疏》所作的序中说：

> 武林许然明，余石交也，亦有嗜茶之癖。每茶期，

右图一 ‖ [明] 陆树声《茶寮记》书影

右图二 ‖ [明] 许次纾《茶疏》书影

中国人的茶事

必命驾造余斋头，汲金沙、玉窦二泉，细啜而探讨品骘之。余罄生平习试自秘之诀，悉以相授。故然明得茶理最精，归而著《茶疏》一帙，余未之知也。然明化三年所矣，余每持茗碗，不能无期牙之感。

另一位茶友许世奇为《茶疏》作的小引则这样说道：

> 余与然明游龙泓，假宿僧舍者浃旬。日品茶尝水，抵掌道古。僧人以春茗相佐，竹炉沸声，时与空山松涛响答，致足乐也。

许次纾、姚绍宪和许世奇三人经常一起品茶评茶，称彼此为友谊坚若磐石的"石交"。姚绍宪将平生的茶学知识传授给了许次纾。而许次纾写《茶疏》也是因为友人中同好者的极力促成："余斋居无事，颇有鸿渐之

癖。……而友人有同好者，数谓余宜有论著，以备一家，贻之好事，故次而论之。"（许次纾《茶疏·考本》）

明代茶书中随处可见茶人自结的品茗小群休，可以说是明代茶人的"朋友圈"。现代学者蔡定益对明代茶书中时常聚集在一起的茶人群体做了细致的研究，归纳出至少 26 个茶人群体。这些群体中的茶人并不固定，而是流动性的。生活地域接近，生活年代接近，又皆有同好，使得这些茶人十分容易结识并交往，"文士茶"成为明代茶事的一个不可忽视的现象。这些频繁的茶事活动及社交促进了茶学知识的相互分享和补充，更带动了以茶书为载体的茶学的蓬勃发展，又得益于当时的印刷业助力，明代终成了茶学隆盛的"黄金时代"。

朱权的茶道精神不止一个"清"字

明代是中国茶学的"黄金时代"，如果非要在明代50多部茶书中选出一颗最耀眼的明珠的话，一定是朱权所著的《茶谱》。看书名，你可能会误认为它是一部列举明代名茶的茶书，其实不然。朱权对废除团茶后新的品饮方式进行了精心的探索，提倡从简，保持茶叶的本色与真味，开创了清饮风气之先河。作为明代第一本茶书，朱权的《茶谱》是宋以后茶书中最先把茶与隐逸、出世等文人精神结合在一起的范本，为其后的茶书定下了主基调，左右了整个明代文人雅士饮茶的审美品位。

朱权是朱元璋的第十七子，13岁时就被封为宁王，镇守大宁（今内蒙古宁城一带），以控北辽。朱元璋还将明朝最精锐的部队三卫重甲精骑交由他来统领。朱权手中有甲兵八万，战车六千，多次与诸王联合出兵塞外。太子朱标早亡，朱元璋传位给了皇孙朱允炆，朱允炆即位之后听取了齐泰、黄子澄等人"削藩"的建议，当时的燕王朱棣则以"清君侧"为由起兵，发起"靖难之役"。此时，朱棣很清楚，若要"靖难之役"成功，手握重兵的朱权站在哪个阵营至关重要。朱棣以"事成当中分天下"为诱饵鼓动朱权一同起事,却在成功之后出尔反尔将朱权放逐到远离政治中心的南昌。作为一场政治斗争的失败者和一场政治阴谋的"知情人",朱权选择从此不理世事,韬光养晦,自号"臞仙",过起了"志绝尘境,栖神物外"的修道生活。在我们今天看来,他过得相当"文艺",沉迷于音律,就编撰了一部古琴曲集《神奇秘谱》;醉心茶道,则写了一部《茶谱》。"清静无为"就是他日常生活的主旋律,而"清"也是贯穿《茶谱》始终的一个关键词。

右图 ‖ [明]永乐青花缠枝莲纹压手杯 故宫博物院藏

第一,他选择的茶"清","味清甘而香,久而回味,能爽神者为上"。他反对宋代"杂以诸香,饰以金彩"的龙团凤饼,认为它们"夺其真味",力挺散茶,他的理由是"天地生物,各遂其性,莫若叶茶,烹而啜之,以遂其自然之性也"。

第二,在茶器的选择上,朱权非常反对"雕镂藻饰,尚于华丽"之风,而追求一种古雅清新的风格。我们来看看他选择茶器的标准:

茶炉:与炼丹神鼎制式相同。

茶灶:以瓦器为之,旁刊诗词咏茶之语。

茶磨:以青石为之。

茶碾:以青石为之,摒弃金银铜铁俗器。

茶架:以斑竹、紫竹制成,摒弃雕镂藻饰的木架。

茶匙:以椰壳为之,摒弃金银铜质茶匙。

茶筅:以广赣青竹为之。

茶瓯：饶瓷为上，以显茶汤清白可爱，弃用松纹兔毫建盏。

茶瓶：瓷石为之，弃用金银铜铁茶瓶。

总之，他选择这些茶器的理由大多是"最清""清致倍宜""清白可爱"等。

第三，一起喝茶的人也要"清"。能与朱权一起喝茶的都是些什么人呢？"云海餐霞服日之士"，就是以云海为餐、吸服霞日的修道之人；"鸾俦鹤侣""骚人羽客"，与鸾、鹤为伴侣的人，文人道士等，这些都是"不伍于世流，不污于时俗"的清逸之人。

朱权还着墨颇多地写了两位为他提供茶道服务的仆人。一位是在《茶灶》一篇中为他供茶的菊翁：

予得一翁，年八十犹童，痴憨奇古，不知其姓名，亦不知何许人也。衣以鹤氅，系以麻绦，履以草履，背驼而颈蜷，有双髻于顶。其形类一"菊"字，

遂以菊翁名之。每令炊灶以供茶，其清致倍宜。

菊翁年过八十却依旧童颜，穿着鸟羽做的袍子，腰间系着麻绳，脚上穿着草鞋，背有些驼，缩着脖子，头顶梳着双髻，从后面看，身形就像一个"菊"字，所以叫他"菊翁"。每次让他煮水供茶都觉得清逸不凡。

还有一位是在《茶匙》一篇出现的盲者，他是为朱权制作茶匙的工匠。

后得一瞽者，无双目，善能以竹为匙，凡数百枚，其大小则一，可以为奇。

这位盲人非常擅长用竹子做茶匙。盲人怎么做茶匙

[明] 唐寅《款鹤图》上海博物馆藏

呢？他不仅能，而且他用竹子做的几百个茶匙大小都一样，堪称奇绝。

朱权不仅选择和清逸之人一起喝茶，就连服务他饮茶之人都是清奇之士。

第四，朱权选择饮茶的环境"清"。"或会于泉石之间，或处于松竹之下，或对皓月清风，或坐明窗静牖，乃与客清谈款话，探虚玄而参造化，清心神而出尘表"，朱权饮茶的环境无不是清幽之处。

第五，朱权设计的茶道流程很"清"。这也是《茶谱》中浓墨重彩的一笔：

> 命一童子设香案，携茶炉于前，一童子出茶具，以瓢汲清泉注于瓶而炊之。然后碾茶为末，置于磨令细，以罗罗之，候将如蟹眼，量客众寡，投数匕入于巨瓯。候茶出相宜，以茶筅掺令末不浮，乃成云头雨脚。分之啜瓯，置之竹架，童子捧献于前。主起，举瓯奉客曰："为君以泻清臆。"客起接，举瓯曰："非此不足以破孤闷。"乃复坐。饮毕，童子接瓯而退。话久情长，礼陈再三，遂出琴棋，陈笔砚。或庚歌，或鼓琴，或弈棋，寄形物外，与世相忘，斯则知茶之为物，可谓神矣。然而啜茶大忌白丁，故山谷曰："著茶须是吃茶人。"更不宜花下啜，故山谷曰"金谷看花莫谩煎"是也。卢仝吃七碗、老苏不禁三碗，予以一瓯，足可通仙灵矣。使二老有

知，亦为之大笑。其他闻之，莫不谓之迂阔。

朱权在《茶谱》中把饮茶的步骤和流程描写得极尽详细。明初虽然已经废团茶改散茶，但饮用时仍是需要将叶茶磨成粉末再施以点茶。所以我们看到朱权饮茶所用的仍是点茶的器具。首先是煮水，"汲清泉注于瓶而炊之"，然后是制茶末，"碾茶为末，置于磨令细，以罗罗之"，将叶茶用茶碾碾成末，再用茶磨将粉末磨得更细，再过筛。等水沸如蟹眼就开始点茶。点茶前要"量客众寡"，也就是视客人的多少来估量投入茶末的多少，"投数匕入于巨瓯"，这里的"巨瓯"是只做点茶的大茶碗，在大茶碗中用茶筅击拂，"令末不浮，乃成云头雨脚"，点好的茶分盛在"啜瓯"中，也就是喝茶的茶碗中，"置之竹架，童子捧献于前"。

主客饮茶往来还有一套流程。首先主人要起身举起茶碗端给客人，这时还要说一句："为君以泻清臆。"客人起身接茶，还要回一句："非此不足以破孤闷。"话毕，坐下，饮茶。饮完茶，一旁的童子接过空碗而退。如此再三之后，主人家就会拿出琴、棋，放好笔墨纸砚，主客随性，或彻夜长歌，或鼓琴弈棋，寄形物外，与世相忘，似乎只有这样才能体会茶的神奇妙处。然而这种妙处白丁是不懂的，所以黄庭坚说"著茶须是吃茶人"。茶也不宜在花下饮，因为花香会影响对茶的真香的体验，也会影响品茶的专注度，所以王安石曾说："金谷看花莫谩煎。"这样的茶，卢仝喝七碗，苏轼喝三碗，而朱权说自己只需要喝一碗就可以通仙灵。如果卢仝、苏轼二老得知，也会为之开怀，而其他人听了则会说不切实际。

看了朱权设计的这一整套流程，不知有多少人会笑他迂腐。现在也有不少朋友很难理解茶中有一部分很难与外人道的"玄虚"的部分，别说上升到精神层面的"道"，甚至一说到茶气、体感之类无法被现代科学证实的事情，惯常就会有一种反对的说法："喝茶就是喝茶，干吗说得那么玄？"对于只想把茶当成饮料的朋友来说，其实没什么对错，把这种"玄虚"当成一种文化就好了。

从整部《茶谱》来看，朱权对于茶中有"道"是很肯定的。他也许是第一个把茶上升到"道"的人，这也许与他的人生经历息息相关，也与他在道家的修养有关。他在《茶谱》开篇序言中就表达了对茶的看法：

挺然而秀，郁然而茂，森然而列者，北园之茶也。泠然而清，锵然而声，涓然而流者，南涧之水也。块然而立，晬然而温，铿然而鸣者，东山之石也。瘟然而酸，兀然而傲，扩然而狂者，渠也。以东山之石，击灼然之火。以南涧之水，烹北园之茶。自非吃茶汉，则当握拳布袖，莫敢伸也！本是林下一家生活，傲物玩世之事，岂白丁可共语哉？予法举白眼而望青天，汲清泉而烹活火，自谓与天语以扩心志之大，符水以副内练之功，得非游心于茶灶，又将有裨于修养之道矣，岂惟清哉？

他说最好的北园之茶"挺然而秀，郁然而茂，森然而列"，最好的南涧之水"泠然而清，锵然而声，涓然而流"，最好的东山之石"块然而立，晬然而温，铿然而鸣"，而当说到自己的时候，则用"癯然而酸，兀然而傲，扩然而狂"。"癯"，是清瘦的样子，他说自己清瘦穷酸却兀然孤傲，胸怀坦荡而又狷狂。

面对天地间精华造就的茶，朱权又如何看待呢？首先，他认为饮茶是一件蕴含着天地之道的清雅之事。其次，茶不流俗，如同无法与夏虫语冰，饮茶也是无法说与白丁俗人的事。面对一杯茶，如果不是能从茶中悟道的"吃茶汉"的话，就应把手藏在袖子里，不要贸然伸手。最后，他明明白白地告诉我们他饮茶的目的："与天语以扩心志之大，符水以副内练之功，得非游心于茶灶，又将有裨于修养之道矣。"他饮茶绝不是为了解渴，更不认为是一种可以炫耀的"技艺"，而是要借茶与天地沟通，用庄子的一句话来说就是"与天地精神往来"。除此之外，他还把茶当成能够辅助内练之功的关键，即"有裨于修养之道矣"，其中的妙处，岂止一个"清"字呢？"清"为《茶谱》中贯穿始终的一个关键，而其后蕴藏的"道"是朱权以茶明志的目的。

作为明朝第一本茶书，加之由朱权这位皇室文人才子写就，《茶谱》成为明中晚期茶书争先效仿的对象。徐渭的《煎茶七类》："人品。煎茶虽凝清小雅，然要须其人与茶品相得，故其法每传于高流大隐、云霞泉石之辈、鱼虾麋鹿之俦。……五、茶宜。凉台静室，明窗曲几，僧寮道院，松风竹月，晏坐行吟，清谭把卷。六、茶侣。翰卿墨客，缁流羽士，逸老散人或轩冕之徒，超然世味者。"屠隆的《茶说》："构一斗室，相傍书斋。内设茶具，教一童子，专主茶役，以供长日清谈。寒宵兀坐，幽人首务，不可少废者。"以上无不是对朱权《茶谱》的模仿。

然而后世的诸多茶书都只学习了其中仅为表象的"清"，却没有在他极力主张的"道"上有更多的发展，当这种"清"的表象失去了其后"道"的支撑，最后只能变成一种附庸风雅的"姿态"而难以永葆活力。茶，

[明] 成化斗彩高士图杯 故宫博物院藏

只好融入更有活力的百姓生活，成为排在"柴米油盐酱醋"之后的必备之物，对于"茶道"来说极其可惜。

一

水，茶之母

水之于茶的重要性，如同母亲之于孩子。即使茶是最好的茶，茶中所有独特气息也需要在水中孕育生发。从陆羽开始，人们对烹茶之水就极为重视。陆羽在《茶经》中提到茶有九难，其中之一就是用了不适宜的水，他认为"其水，用山水上，江水次，井水下"，甚至将自己足迹所及之处的水都做了品鉴，列出了一个排行榜。受陆羽影响，后世茶人凡著茶书必论水，而且每个朝代都有品水的专论。如唐代张又新的《煎茶水记》、宋代欧阳修的《大明水记》，明代文人更是发挥了"格物致知"的一面，光是论水的茶书就写出了四部，分别是真清的《水辨》、田艺蘅的《煮泉小品》、徐献忠的《水品》、李日华的《运泉约》，如要把涉及论水的茶书囊括其中的话则更多，可见明代茶人对水之重视。

明代的茶书中，对水的评价标准大多是在前代茶人的基础上做了延续和深挖，没有太多突破，基本可以概括成五个字：清、流、轻、甘、寒。前三个字是对水质的评价，后两个字则关乎口感。

第一个关键字"清"，和"浊"相对，是指水清澈透明。

许次纾的《茶疏·择水》就曾拿"浊"得人尽皆知的
黄河之水来说明"清":

> 往三渡黄河，始忧其浊，舟人以法澄过，饮
> 而甘之，尤宜煮茶，不下惠泉。黄河之水，来自
> 天上，浊者，土色也。澄之既净，香味自发。

得以澄清的黄河之水，水质不亚于惠山泉，可见
他认为好水关键在于"清"。随后他又说道：

> 余尝言有名山则有佳茶，兹又言有名山必有

佳泉，相提而论，恐非臆说。余所经行，吾两浙两都、齐鲁楚粤、豫章滇黔，皆尝稍涉其山川，味其水泉，发源长远，而潭沚澄澈者，水必甘美。即江河溪涧之水，遇澄潭大泽，味咸甘冽。唯波涛湍急，瀑布飞泉，或舟楫多处，则苦浊不堪。

我们留意"舟楫多处，则苦浊不堪"这句，似乎可以品出"清"除了"净"这层意思之外，还有一层和"静"相近的含义，即所谓"远人"。田艺蘅《煮泉小品》之"源泉"条曰："山厚者泉厚，山奇者泉奇，山清者泉清，山幽者泉幽，皆佳品也。""江水"条曰："江，公也。众水共入其中也。……'取去人远者。'盖去人远，则澄清而无荡漾之漓耳。"

在《煮泉小品》的"绪谈"一条中，他提出保持山泉清洁的方法：

凡临佳泉，不可容易漱濯，犯者每为山灵所憎。泉坎须越月淘之，革故鼎新，妙运当然也。山木固欲其秀而荫，若丛恶，则伤泉。今虽未能使瑶草琼花披拂其上，而修竹幽兰自不可少也。作屋覆泉，不惟杀尽风景，亦且阳气不入，能致阴损，戒之戒之。若其小者，作竹罩以笼之，防其不洁之侵，胜屋多矣。泉中有虾蟹、子虫，极能腥味，亟宜淘净之。僧家以罗滤水而饮，虽恐伤生，亦取其洁也。

首先不能在泉边洗漱，泉坎也要定期清洗，泉边的草丛不能太过茂盛，修竹幽兰不可少，不要盖屋覆盖泉水，以免遮蔽阳光影响清洁。泉中有小虾小蟹孑虫，僧伽会用罗过滤，一方面是唯恐杀生，另一方面也是为了清洁。可以说实操性已经很强了。

第二个关键字"流"，我的理解是指"活水"，也就是"流动的水"，而不是一潭死水。停滞不流动的水即是陆羽所说的"瓮潦"，《茶经》中"飞湍瓮潦，非水也"就是说飞流湍急的水和停滞不动的水都不宜饮用。田艺蘅则在此基础上进一步论述。其《煮泉小品》中"石流"一条说：

> 泉，往往有伏流沙土中者，挹之不竭，即可食。不然，则渗潴之潦耳，虽清勿食。流远则味淡，须深潭渟畜，以复其味，乃可食。泉不流者，食之有害。《博物志》：山居之民，多瘿肿疾，由于饮泉之不流者。

伏流在沙土之中，流动且取之不竭的泉水可以饮用，如若不然，那些停滞之水即使看起来清澈也不要饮用。不流动的泉水，饮之有害。《博物志》曾说，那些在大山里居住且患有瘿肿的人，大多是因为饮用了不流动的泉水。

徐献忠《水品》之"三流"曰：

水泉虽清映甘寒可爱，不出流者，非源泉也。雨泽渗积，久而澄寂尔。《易》谓"山泽通气"。山之气，待泽而通；泽之气，待流而通。

他还列举了虎丘石水作为反面例子：

《水记》第虎丘石水居三。石水虽泓渟，皆雨泽之积，渗窦之潢也。虎丘为阖闾墓隧，当时石工多闷死。山僧众多，家常不能无秽浊渗入，虽名陆羽泉，与此粉通，非天然水脉也。

不流通的泉水，虽看起来清澈，却都是雨水所积，没有真正的源泉。再加上山僧众多，难免有污秽之物渗入，虽有天下第三之名的虎丘石水，也不是好水。

第三个关键字"轻"，可能比较难理解，容易被忽略。所谓"轻"，就是重量上的"轻"，造成一定容积的水重量上有差距的是矿物质。这个概念类似于今天说的"软水"和"重水"。按照现代科学，每千克水中钙、镁等化合物低于8毫克的水为"软水"，高于8毫克的为"硬水"，水越轻越接近纯净水。软水泡茶减少了矿物质对茶汤的影响，更能获得茶之真香。古人很早就认定"轻"的水，水质更佳。宋徽宗《大观茶论》说："水以清轻甘洁为美，轻甘乃水之自然，独为难得。"龙膺所著茶书《蒙史》之"泉品述"论及济南的趵突泉：

济南水泉清冷，凡七十二。……曾子固诗，以瀑流为趵突泉为上。又杜康泉，康汲此酿酒，或以中泠及惠泉称之，一升重二十四铢，是泉较轻一铢。

一升趵突泉水比中泠水、惠山泉水还要轻一铢，在龙膺眼中是难得的好水，这泉水酿杜康酒可以忘忧，煮茶也一定可以涤烦吧。

第四个关键字"甘"。"甘"自古以来就是形容一款水好最直观的感受。"甘"作为一种口感，其来源于何处呢？徐献忠《水品》之"四甘"条曰：

泉品以甘为上，幽谷绀寒清越者，类出甘泉，又必山林深厚盛丽，外流虽近而内源远者。泉甘者，试称之必重厚。其所由来者，远大使然也。

徐献忠认为泉水之甘，来自清越的幽谷，来自盛丽的山林，发源于千里之外，如此才成就其甘，"泉甘者，试称之必重厚"。现代科学认为，纯净水是无色无味的，水的各种口感包括甜都来自矿物质。这就有矛盾了，前面刚说到水越轻越好，不应该矿物质越少越好吗？除却个人喜好因素不讲，我认为古人对宜茶之水的五个标准"清、流、轻、甘、寒"是个综合考量，不能理解得过于机械。宜茶之水关键是"宜茶"，如果要客观品鉴一款茶的品质当然要用最为"中立"的纯净水，做到对茶香不增不减、真实反映。但如果要对茶香有所助益，则应该为它挑选最相宜的水，至于是趵突泉水还是惠山泉水抑或是澄清后的黄河水，要多试才知道。对于饮茶人来讲，试泉也不失为一大乐趣。

关于周边环境对泉水的影响，徐献忠也做了论述：

> 泉上不宜有恶木，木受雨露，传气下注，善变泉味。况根株近泉，传气尤速，虽有甘泉不能自美。犹童蒙之性，系于所习养也。

虽然他没有说哪种树木为"恶木"，但树木植物如此，想必土壤成分也同理，都是泉水之"童蒙之性"。

最后一个"寒"字，类似于"冽"，是一种口腔中的清凉感。陆羽将雪水名列第二十。此类无根之水除了"轻"之外，还应取其"寒"。田艺蘅《煮泉小品》之"清寒"条曰：

> 清，朗也，静也，澄水之貌。寒，冽也，冻也，覆水之貌。泉，不难于清而难于寒。……蒙之象曰果行，井之象曰寒泉。不果，则气滞而光；不澄，不寒，则性燥而味必啬。

田艺蘅认为泉水之寒比清更加难得，泉水以流动有生气为好，井水则以有寒泉之象为好，否则水味凝滞而寡淡。徐献忠则说得更加直接："泉水不甘寒，俱下品。"（《水品》之"五寒"）有些朋友可能会说，那把水放在冰箱里冷藏再拿出来不就"寒"了吗？不要机械地理解古人的标准，因为今日之水已非彼时之水，今日之茶也已不是彼时之茶，就连我们今人的体质也一定和500年前古人的体质不同了。

事实上在古人辨水的研究中，每个人的主观感受差异都很大。即使在对水的认知上有以上的共识，品评的结果也是千差万别，如朱权在《茶谱》之"品水"中认为青城山老人村杞泉水第一，钟山八功德第二，洪崖丹潭水第三，竹根泉水第四。然而他也引用了唐代张又新《煎茶水记》中刘伯刍和陆羽品评的次第：刘伯刍认为扬子江心水第一，惠山石泉第二，虎丘石泉第三……而陆羽却认为是庐山康王洞帘水第一，惠山寺石泉水第二，兰溪石下水第三……次第皆与朱权不同。虽然如此，我们却看到一个地方的水在刘伯刍和陆羽的品评榜单中都出现了，那就是位于现在无锡惠山古镇的惠山石泉。

谁是"天下第一泉"属于一个历史公案，长期存在争议，反而在陆羽眼中排在第二位的惠山石泉却成为公认的好水，渐渐成为历朝历代茶人心中的"圣地"。据说唐大和年间，丞相李德裕为了烹顾渚茶，不惜派人到无锡取惠山石泉，一路驿站快递，千里运送至长安。此等劳民伤财的事当然会令李德裕声名受损，却让惠

天下第二泉 无锡惠
山石泉

山石泉名声大噪。宋代文坛领袖苏东坡也是惠山石泉的拥趸，他曾多次游览无锡品鉴惠山石泉，留下了"独携天上小团月，来试人间第二泉"的千古绝唱。在杭州任职期间，老友送给他新茶，他特意给无锡知县焦千写了一首《焦千之求惠山泉诗》索水——"精品厌凡泉，愿子致一斛"。到了明代，因为一次雅聚，惠山石泉在文人雅士心中的地位又达到了一个高峰。

明洪武二十八年（1395 年），惠山寺听松庵高僧性海举办茶会邀请江南名士品惠山石泉，一时应者如潮。为配惠山泉，性海禅师还特意请湖州竹工编制了一个竹炉，做成天圆地方的形状，竹炉高不过一尺，外面用竹编织，里面为陶土，炉心装铜栅，上罩铜垫圈，炉口护以铜套。性海以竹炉煮二泉水，泡茶招待文人

至交，一时传为雅事美谈。不仅如此，性海禅师还邀画家王绂为其作《竹炉煮茶图》，并题了一首诗：

> 寒斋夜不眠，瀹茗坐炉边。伏火煨山栗，敲冰汲涧泉。瓦铛翻白雪，竹牖出青烟。一啜风生腋，俄警骨已仙。

性海还请大学士王达撰写了《竹炉记》，并请当时的文人名士题跋，装帧成了一本《竹炉图咏》。于是，竹茶炉随着这本《竹炉图咏》而声名远播，惹得明清两代的文人雅士纷纷来游惠山喝茶写诗，留下了大量的诗词书画作品，竹炉也成为文人茶寮中的标配，并多了一个称呼，名为"苦节君"。这可以说是一个成功的营销

[明] 王问《煮茶图》
（局部） 台北故宫
博物院藏

案例了，从此奠定了"天下第二泉"惠山石泉在茶人心中的不二地位，留下数不胜数的和惠山石泉相关的书画信札。

李日华撰写的《运泉约》，与其说它是茶书，不如说它是"契约"，具体来说是运送惠山石泉的契约，文中约定了每坛惠山石泉的运输费、交费时间、运水时间和频次，每坛有盖无盖作价不同，并号召"凡吾清士，咸赴嘉盟"。《运泉约》也是现存唯一的一部有关运泉的文献，惠山石泉在明朝受追捧的程度可能是今天的我们无法想象的。

今天，我们虽然有幸可以读到这么多古人对于饮茶之水的经验性总结，但是却很难说和古人感同身受。水对于茶的重要性不言而喻，我们不是要生搬硬套古人选水的标准，而是要向古人学习，打开自己的感官，去感受不同的茶遇到不同的水被激发出的精微的细节变化，这不仅是习茶中非常重要的能力，也是饮茶时无尽的乐趣之所在。

吴门茶事

　　明嘉靖二十年（1541年）三月，春雨绵绵。文徵明的长子文彭闲对雨窗，想着好友钱穀那里有沈周的册页，雨天无事正好可以约朋友赏画，于是写信请好友钱穀携册页来家。但又担心唐突，万一好友对一起赏画兴趣不高，又或者雨天不想出门怎么办？文彭想了一个更好的理由，让好友无法拒绝。信札是这样写的："雨窗无事，思石翁册叶一看，有兴过我，试惠泉新茶，何如？"稍对明朝画史有些了解的朋友都不会不知道"吴门画派"，这是明成化年间兴起于苏州一带的影响力非常大的画派。

　　"苏湖熟，天下足。"苏州及太湖流域自春秋战国以来就是经济繁荣、人文荟萃、文化发达的地区。这里山清水秀，元代以来野逸的文人、画家喜欢在这里聚集，让这里留存了大量的名人字画，历史上留名的大收藏家也大多在这里。秀美的自然风光、精致的园林，这里的一切都成为生于斯长于斯的画家们描绘的对象，渐渐地，一种带有鲜明地域特色的画派在苏州地区形成，以后的几代画家都延续着这一脉的传统。因苏州

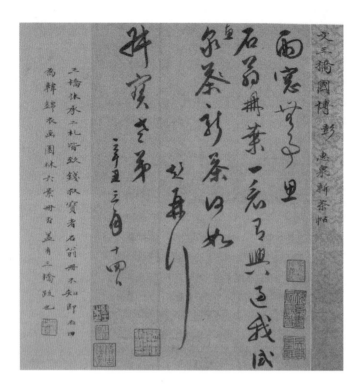

左图‖[明]文彭《惠泉新茶帖》上海博物馆藏

右图‖[明]沈周《虎丘十二景·憨憨泉》美国克利夫兰艺术博物馆藏

为古吴都城，故此画派称为"吴门画派"。环太湖流域是著名的茶产地，吴门画家也都喜交游雅聚，茶成为吴门画家生活及社交中不可或缺的元素，这一元素在他们的书画中被忠实地记录着。

吴门画派之首沈周，号石田，石翁则是文彭这些吴门后辈对他的尊称。沈周的祖父沈澄在永乐初年曾以贤才被征召，在将要授以官职的时候，他却以生病为借口辞归故里，在他的居所"西庄"天天宴请宾朋。沈澄喜欢与人交游，他的好友杜琼所画的《西庄雅集图记》中就记录了沈澄与王璲、金问、张肯等文人、画家交往聚会的情景。沈澄的两个儿子，也就是沈周的伯父沈贞和父亲沈恒吉也都是很有文化修养的隐士，善书画、精诗词。沈周出生于这样的家庭耳濡目染，少年时在文学上就显露出不凡的才华，让老师也自叹不如。沈家三代都终身不仕，一家人常常相聚一堂，以研究学问、唱酬诗歌为乐。长此以往，连沈家的仆人都学会了吟诗作画。在沈周一生的隐逸生活中，茶一直都是陪伴他的好伙伴。他曾与老僧共坐承天寺中的松寮竹榻，焚香烹茶，吟赏烟霞，细品茶中滋味，不觉禅寺钟响，洗胸臆、脱俗虑，

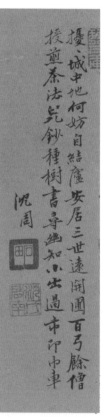

想起年华老去不禁一声叹息。

临昏细雨如撒沙，城中官府已散衙。空林古寺
叶满地，墙角仅见山茶花。系舟未稳促沽酒，布帘
尚曳河西家。老僧开门振高木，宿鸟续续翻鸥鸦。
松寮竹榻古且静，人影凌乱灯含葩。殷勤小行颇展
敬，酾酒莫及先烹茶。更添香炷侑清啜，坐久不觉
蒲牢挝。三杯破冻聊尔耳，俗虑脱臆如人爬。浮生
岁月聚散过，抚事感老徒兴嗟。净方频来亦夙契，
敢惜片语偿烟霞。

——《暮投承天习静房与老僧夜酌，复和清虚堂韵》

成化五年（1469 年）十一月，沈周与刘珏同赴苏
州访友，与魏昌、祝颢、陈述、周鼎、李应祯雅聚于魏
昌的魏园。聚会中大家一起饮酒赋诗、次韵唱酬。最后
由沈周绘《魏园雅集图》，其间所有人的诗都题于画上。
说是魏园，其实画中却只见山下林间一座茅亭，山石高
耸，树木奇侧有劲。杂树山石的画法已现沈周成熟期"粗
沈"的风貌。实际上魏昌的魏园并不似画中所见建于山
中，而是在繁华的苏州城里，沈周却有意将魏园画在山
间。从画上沈周的题诗，我们大致可以了解他的意图：

扰扰城中地，何妨自结庐。安居三世远，开圃
百弓余。僧授煎茶法，儿钞种树书。寻幽知小出，

过市即巾车。

沈周钟情于结庐尘世，过着亲自煎茶、儿孙抄写农书的世外生活。这样的诗在他的《石田诗选》中比比皆是。"夜扣僧房觅涧腴，山童道我吝村沽。未传卢氏煎茶法，先执苏公调水符。石鼎沸风怜碧绉，磁瓯盛月看金铺。细吟满啜长松下，若使无诗味亦枯。"（《月夕，汲虎丘第三泉煮茶，坐松下清啜》）"雨中客舍苦局促，故人招我有尺牍。书云竹居可闲坐，烹茶剪韭亦不俗……"（《雨夜止宿吴匏庵宅》）这种隐逸情怀在他之后无疑得到了传承，怪不得主人魏昌颇有预见性地要以此画传给子孙，让他们不要忘记沈周等人的雅意。魏昌的子孙有没有继承这份雅意我们不得而知，但沈周这份终身不仕、终日沉浸在诗文丹青之中的隐逸情怀却深刻地影响了一个人，那就是日后接替他扛起了吴门领军大旗的文徵明。相比老师沈周，文徵明更是深谙茶中逸趣。

和沈周家族三代不仕不同，文徵明出身于官宦之家。父亲文林举进士，由温州永嘉知县升至温州知府。叔父文森官至右佥都御史。据说文徵明幼时和其他孩童不同，学什么都要慢一些，7岁时才能好好站着，到了11岁才能流利地讲话。许多人都认为他天生愚钝，长大了也不会有出息，只有他的父亲认定文徵明有内秀，将来一定会出人头地。果不其然，等文徵明长大一些，他的潜力开始显现。文徵明十六七岁时跟着都穆学作诗，开始与友人切磋唱酬。26岁时跟着沈周学画，常以"我家沈先生"称呼沈周。他参加岁试，阅卷的老师批评他字写得不好，置三等。于是文徵明开始苦练书法，每日临写十本《千字文》，书艺大进。遗憾的是，文徵明8次乡试均以失败告终。直到54岁，被授翰林院待诏，做了4年闲职。后来文徵明觉得还是做个江南闲散的文人最自由，于是辞官回乡，过起了诗书画茶的生活。

文徵明几乎每次乡试都会途经无锡的惠山寺。他年少时就熟读《茶经》，对天下第二泉非常向往。文徵明每次访惠山石泉都留下诗词，然而如今最让人津津乐道的却是他的一幅画作《惠山茶会图》。

正德十三年（1518年）二月十九日，文徵明和好友蔡羽、王守、王宠、汤珍等人分别从镇江、常州赶往惠山。在清明前一天，遇到了滂沱大雨。第二天，当他们走到离惠山还有十里的时候天终于放晴了，于是他们齐聚惠山寺，品泉瀹茶，吟诗唱和，十分尽兴。事后文徵明画了《惠山茶会图》，蔡羽题记，王宠、汤珍也都各自题了诗。画中留名的这几位在当时都是响当当的人物。先说王宠，是明朝天才型的书法家，一直以来和文徵明保持着亦师亦友的关系，文徵明称他"平生友"。汤珍，也是明朝大名鼎鼎的诗人，曾是蔡羽的学生。这几人和文徵明同列"东庄十友"，他们是一生交往甚密

由多景樓故址以觀江海居二日而退舟
甲申宿丹徒乙酉宿毘陵丙戌晨飯于升
中起拜學諭公于官舍時予重之卉至自
茅山微明攜約復吉至自蘇先已館鄭
公以吾七人燕復周覽于三白氏之園
丁亥暴風雨雨戊子為二月十九清明日少
而求無錫本惠山十里天忽霽日午造
泉所乃挈王氏鼎立二泉亭下七人者
亭生注泉于鼎三沸而三嘆之識水品之
高卯古人之趣各閒陶然不徐去矢於戰
其友共矢顧視昔何如或然世之熟視與
滕武旬日之力而適者造造人復
吾華則不能無疑以為無情於山水泉石
非知吾者也以為有情於山水泉石
吾者也諸君子得高羸也滿大朝和
九鼎而未偶姑遷意于權俾角緇銖者耳
將以盖時之藥紅衫斧權俾角緇銖者歸
諸君屋漏則養德棄居則講蔡清忘應
開聰明則濒之以若游于丘息于池用全
吾神而高起于物旅蓋陸子所能至武固
魯照之趣也會成賦詩寵以序正德十三
年戊寅二月清明日林屋山人祭日撰

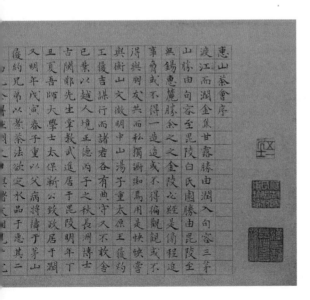

上图 ‖ [明] 文徵明《惠山茶会图》故宫博物院藏

下图 ‖《惠山茶会图》蔡羽题记 故宫博物院藏

的挚友。

展开《惠山茶会图》，一片青绿山水跃然眼前，松竹山石掩映中，有一茅亭护着一口石井，井边坐着两个人，一人托腮望着井水，一人则捧卷阅读。紧挨着井亭，松树下的茶桌上摆放着执壶、水瓮、茶盏等各种精致茶具，桌边方形茶炉上置有茶壶烹泉煮茶，一童子在取火，另一童子备茶。有一文士似乎刚到，向茶亭中的主人拱手示意，茅亭后有一条幽幽小径通向密林深处，曲径之上两位文士相谈甚欢，前面一书童回首张望二人，像在为他们引路。通过蔡羽的题记，可知这一年是正德十三年，文徵明48岁，正值壮年。文徵明绝意仕途之后，便在家乡苏州以书画为生，生活相当富足，建了"玉磬山房"。文徵明的后30余年经常往返于惠山与虎丘之间，目的当然是两地的石泉。

嘉靖十三年（1534年）谷雨时节，文徵明因病不能与好友们去往虎丘品泉试茶，在家中心痒难耐，于是拿出朋友送来的新茶，翻出皮日休的《茶中杂咏》，用皮日休诗的韵写了十首诗来唱咏茶具茶事，而且还作了一幅画，将这十首诗题于画上，名为《茶具十咏图》。他一定想不到两百多年后，这幅诗画双绝的佳作被收入清宫内府，乾隆皇帝也次韵作诗与他隔空唱和，传为佳话。

如果说茶对沈周和文徵明来讲是与天地精神往来的媒介的话，那么对唐寅来说，茶则是"涤烦"的伙伴。唐寅，初字伯虎，更字子畏，自幼就和文徵明相识，同

[明]文徵明《茶
具十咏图》（局部）
故宫博物院藏

拜在沈周门下学画，从一开始两人就总被别人拿来比较。文徵明出身官宦之家，唐寅的父母则是做小买卖的生意人，在苏州开了一间酒食店。"万般皆下品，唯有读书高"的时代，生意人没有社会地位，唐寅身上被寄予了改变家族命运的厚望，父母花重金供他读书，希望"用子畏起家致举业"。文徵明从小"生而外稚"，而唐寅则正相反，从小天资聪慧，是远近闻名的"神童"。文徵明8次乡试不中，唐寅16岁时就"童髫中科第一"，名噪一时，多方之士争相与之交往。就连文徵明的父亲文林也非常喜欢他，几乎视他为儿子，去哪儿都带着唐寅，"爱寅之俊雅，谓必有成，每每良燕，必呼共之"。然而少年得志的唐寅开始恃才自傲，藐视礼法，纵情酒色，被人视为孺子狂童。一向爱才的文林也意识到唐寅的轻狂，告诫儿子文徵明说："子畏之才宜发解，然其人轻浮，恐终无成。吾儿他日远到，非所及也。"他认为唐寅虽然文思敏捷，然而才气外露，为人轻浮，恐怕最后会一事无成。文徵明则厚积薄发，他日达到的成就可能也是唐寅所不能及的。不得不说文林看人还是很准的，文徵明性格内敛，忠厚且平和，唐寅则放浪不羁，恣意妄为。文林对儿子的告诫，文徵明一定听进去了，所以他虽和唐寅私交甚笃，却从不与他做荒唐事。唐寅也很了解他这位朋友，常常借机捉弄。据明代项元汴《蕉窗九录》所载，一日唐寅与数名狎客纵酒湖上，先携妓藏于舟中，邀请文徵明同游。文徵明不知舟中有妓，酒过半巡，唐寅呼妓进酒。文徵明大惊要辞别，唐寅命诸妓强拉他。文徵明大呼，几乎要跳船，众人才作罢。还有一次唐寅同文徵明、祝允明同游竹堂寺，唐寅也伙同祝允明戏弄文徵明，让附近的妓女在路上拉住文徵明，文徵明怎么都无法摆脱，怅然说："两公调戏我。"遂相与大笑而别。

　　唐寅的荒唐行径，自然会引起众多人的不满。其中就包括主持弘治十一年（1498年）科举考试的监察御史方志。方志重视礼教，重德行轻文艺，认为士子要苦读圣贤书，举止儒雅。唐寅"风流才子"的声名，方志早有耳闻，但唐寅放浪的举止是方志无法容忍的，再加上周遭有嫉妒唐寅才名的小人进谗言，令方志对唐寅的印象极为恶劣，遂决定乡试中无论唐寅考得如何都不予录取。唐寅本对乡试志得意满，想着终于可以光耀门楣，听闻此事，立即就慌了神，后来还是文徵明从中周旋，使得唐寅参加南京乡试并最终高中解元。然而这次波折并没让唐寅有所收敛，他最终被卷入弘治十二年（1499年）的科举考试舞弊案，突发的牢狱之灾成为他人生的转折点。出狱之后，仕途之路断绝，风流才子的光环已不复存在。当他返回苏州故里，路人都用异样的眼光迎接他，往日的酒肉朋友也恐避之不及，更有人对他落井下石、口出恶言。唐寅在写给文徵明的信中说：

　　昆山焚如，玉石皆毁；下流难处，众恶所归。

织丝成罗网，狼众乃食人；马牦切白玉，三言变慈母，海内遂以寅为不齿之士，握拳张胆，若赴仇敌，知与不知，毕指而唾，辱亦甚矣。

曾经被众人捧上天的才子被打入谷底遭路人唾弃，可以想象唐寅心里的落差。"茶为涤烦子，酒为忘忧君"，唐寅爱酒众所周知，然而他的画中人却多在饮茶。

《事茗图》是唐寅的名作，是他画给好友陈事茗的。陈事茗是王宠友邻，与唐寅交往甚密，唐寅巧妙地把他的名字嵌入了画名。引首"事茗图"是文徵明所题。画中屋舍、坡岸清新淡雅，整个画风颇有沈周的神韵。山居屋中主人独自一人临窗品茗，案上置有书册、一壶、一杯。屋后有潺潺的流水，桥上有人携琴来访，似乎他并不孤单。然而画中人蜷着双手，似有鸿鹄之志却无法一展身手。画中唐寅题诗："日长何所事，茗碗自赍持。料得南窗下，清风满鬓丝。"无事可做的日子总是显得漫长，自己送给自己一碗茶。料得在南窗下，我的头发之上却只有清风。

只有清风做伴的日子并不是最坏的，对仕途的执念并未磨灭，唐寅的厄运又来了。前文介绍过明初朱权写《茶谱》的背景，他被朱棣设计联合起兵，事成之后被封到远离权力中心的南昌为宁王，一生与琴茶相伴，韬光养晦却也碌碌无为。到了正德年间，朱权的曾孙朱宸濠继承了宁王的身份，却没有继承朱权的智慧。他见明

上图 ‖ [明] 唐寅
《事茗图》（局部）
故宫博物院藏

下图 ‖《事茗图》
唐寅题诗

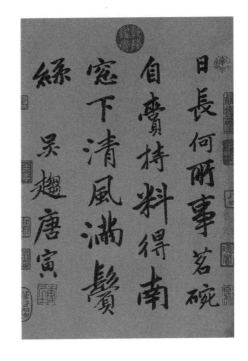

日长何所事茗碗
自赍持料得南
窗下清风满鬓
绿 吴趋唐寅

武宗荒淫无道，认为翻盘的时机到了，于是大肆笼络有识之士，伺机造反。他向唐寅伸出了橄榄枝，邀唐寅赴南昌做他的幕僚，其实包括文徵明在内的很多人也在他的邀请之列，但文徵明并未理会，唐寅却视此为改变命运的机会，去了南昌。然而不久他便发现朱宸濠有不轨之心，当年的舞弊案已将他打入谷底，此时如再陷入谋反大案，等待他的将不只是牢狱之灾了，唐寅不得不想尽办法脱身。他装疯卖傻"佯狂以处"，终于遭了朱宸濠的厌弃，才得以安全回到苏州。此行之后，唐寅再无功名之念，在苏州卖画为生，晚年贫病交加不胜凄凉。

据说唐寅还画过一幅《卢仝煎茶图》，画已不知去向，只有画中题诗流传了下来，诗中写道："千载经纶一秃翁，王公谁不仰高风。缘何坐所添丁惨，不住山中住洛中。"诗中唐寅先是称赞卢仝满腹经纶的才学，令人敬仰的高风亮节，转而又感叹他身为隐士为什么不好好待在山中却来到洛阳，由此引来杀身之祸，无辜惨死。这首诗看似在说茶仙卢仝，却更像是在问自己：为什么总会遭遇命运的不公？到底是什么执念总令自己做出错误的选择？读来令人唏嘘。

相比前面三位吴门前辈，仇英虽然位列"明四家"，却尤为低调。仇英，字实父。他出生时，沈周已经是古稀之年，文徵明和唐伯虎也近而立。仇英出身寒门，父亲是一个漆匠。穷人的孩子早当家，仇英十二三岁时就给父亲帮工，学做漆工。漆工这一行，识色、调色是基本功，有时还要设计图案。仇英经常跟画商、画店打交道，也因此常常能看到各种好画真迹。每当有机会看到历代画家名作时，他总是默默瞻仰、悄悄临摹。

仇英十八九岁时离开家乡太仓，孤身去往苏州城谋生。仇英在苏州一家手工作坊干活，白天做漆工，晚上偷偷作画。一天，仇英一如既往地在街角画画，被慧眼独具的文徵明发现了。文徵明透过他稚嫩的笔触，看到了流动的气韵和不俗的用色，尤其了解到他的出身之后，更有意指导和提携，引荐他拜在周臣门下学画。得到周臣的指点后，仇英的画技突飞猛进。仇英自小就是一个极其认真的人，他临摹历代名画一丝不苟，几乎可以乱真，在工笔重彩人物和青绿山水上最为人称道。就连董其昌这个严苛的评论家，也夸奖仇英手上功夫了得。

仇英也画过许多茶画，如藏于故宫博物院的《玉洞仙源图》、藏于台北故宫博物院的《松亭试泉图》、藏于上海博物馆的《煮茶图》扇面、藏于吉林省博物馆的《烹茶论画图》、藏于美国克利夫兰艺术博物馆的《赵孟頫写经换茶图》《东林图》等。与沈周、文徵明、唐寅都不同的是，茶事在仇英画中大多表现为煮茶，所用器具也多为古制，这就让整个画面有了些许年代感，像是在说前朝旧事，这也许和他大量临摹古画相关，让仇英的茶画呈现出不同的面貌和气质。

美国克利夫兰艺术博物馆收藏的仇英为昆山鉴赏家周凤来所画的《赵孟頫写经换茶图》描绘的是元代

赵孟頫写经换茶的故事。画中松林下，赵孟頫手握毛笔与中峰禅师相对而坐，正要应禅师邀请写经。这时小童捧着茶盒过来，赵孟頫立刻回头查看，似乎酬劳不到决计不写的样子，远处一小童奋力扇着茶炉，似乎非常了解主人意欲饮茶的迫切心情。仇英惜字如金，很少题诗，把观者更多的注意力留给了画作本身。这幅画虽没有仇英名款，却有文徵明以王羲之《黄庭经》笔意补写《心经》于画后，文徵明的两个儿子文彭、文嘉题跋再后。

　　吴门名士都爱茶，对茶的理解和爱的方式各有特色。"明四家"中除了仇英生卒年尚有争议外，沈周活了82岁，文徵明活了89岁，都比时人长寿，唐寅则

中国人的茶事

摩訶般若波羅蜜多心經
觀自在菩薩行深般若波羅蜜多時照
見五蘊皆空度一切苦厄舍利子色不
異空空不異色色即是空空即是色受
想行識亦復如是舍利子是諸法空相
不生不滅不垢不淨不增不減是故空
中無色無受想行識無眼耳鼻舌身意
無色聲香味觸法無眼界乃至無意識
界無無明亦無無明盡乃至無老死亦
無老死盡無苦集滅道無智亦無得以
無所得故菩提薩埵依般若波羅蜜多
故心無罣礙無罣礙故無有恐怖遠離
顛倒夢想究竟涅槃三世諸佛依般若
波羅蜜多故得阿耨多羅三藐三菩提
故知般若波羅蜜多是大神咒是大明
咒是無上咒是無等等咒能除一切苦
真實不虛故說般若波羅蜜多咒即說
咒曰
揭諦揭諦波羅揭諦波羅僧揭諦菩提
薩婆訶
嘉靖二十一年歲在壬寅九月廿
又一日書于崑山舟中微間

只活到 53 岁。喝茶不一定会令人长寿，书画也好，茶酒也罢，重要的是要过不纠结的人生。

只活到 53 岁。喝茶不一定会令人长寿，书画也好，茶酒也罢，重要的是要过不纠结的人生。

第六章

清 代

走过茶学的极盛时代和文人茶的余晖，

茶加速与民间各文化元素融合，

同时伴随着 18 世纪海洋贸易的发展，

茶作为一种畅销品，

在大国间博弈。

清代茶，大众茶，世界茶

明末清初的张岱说过一句话："人无癖不可与交，以其无深情也。"张岱出生在绍兴官宦之家，从小锦衣玉食，优裕的家庭环境培养了他诸多"雅癖"。无论是爱好收藏、美食、造园、戏曲还是斗鸡，在他的《陶庵梦忆》中都能找到共鸣，茶也不例外，比如《兰雪茶》讲的是他改良绍兴本地名茶日铸茶，以兰雪茶为名超越安徽名茶松萝茶的故事。《禊泉》说他发现了一处泉水，名"禊泉"，后来禊泉名气大振，引发哄抢，惊动了官府，强行将禊泉收为官有。最为精彩的还要算《闵老子茶》一篇，讲他去南京拜访当地著名的茶人"闵老子"，与其进行了一场非常精彩的"较量"。张岱识破了闵老子设置的层层圈套，猜出了闵老子给他喝的茶是哪里的茶，用的是什么制法，所用的水是哪里的水，甚至分别说出了是春茶还是秋茶，令闵老子拜服称奇，二人从此结为知己。

参与制茶、品泉、辨茶都是文人饮茶的乐趣所在，张岱所处的时代却已是文人茶的落日余晖。清兵南下之后，江山易主，张岱前半生的浮华生活如梦幻泡影消失

殆尽,失落的张岱在剡溪山避世,适逢乱世,知交零落朋辈多亡。张岱回忆少壮秋华,自谓梦境,此后他著的书多以"梦"为名。如《陶庵梦忆》的自序中所叙:

> 陶庵国破家亡,无所归止,披发入山,骇骇为野人。……鸡鸣枕上,夜气方回,因想余生平,繁华靡丽,过眼皆空,五十年来,总成一梦。今当黍熟黄粱,车旋蚁穴,当作如何消受?遥思往事,忆即书之,持问佛前,一一忏悔。不次岁月,异年谱也;不分门类,别《志林》也。偶拈一则,如游旧径,如见故人,城郭人民,翻用自喜。真所谓"痴人前不得说梦"矣。

进入清代,明代盛极一时的文人茶随着晚明文士避世、出世，日渐萎靡，千年以来由文人占据茶文化话语权的局面不复存在。然而茶在民间不会受到改朝换代的影响，它以更澎湃的动力和势头流向大众，深入市井，如此也带动了茶叶的大规模生产及商品化的繁荣。

清代，茶树种植面积空前扩大，当然这也有赖于清王朝疆域的扩展。清代产茶的范围南起海南岛，北抵山东省，西自云南、四川至西藏边隅，东至台湾海峡，共16个产茶省份，也就是说，全国几乎一半都产茶。清代的16个产茶省份是山东、江苏、安徽、浙江、江西、福建、广东、广西、河南、湖南、湖北、四川、云南、贵州、陕西和台湾。而今天我们常说的四大产区包含的主要省份有河南、陕西、山东、江苏、安徽、浙江、江西、湖北、湖南、广西、广东、福建、海南、台湾、四川、重庆、云南、贵州。在清代，今天的重庆属于四川省管辖，海南属于广东省管辖，可以看到清代的茶树种植地域分布已与现代的四大茶区范围基本重合。

自明代散茶流行发展到清代，涌现出不少我们今天耳熟能详的质优茶品，如武夷岩茶、洞庭碧螺春、黄山毛峰、云南普洱、祁门红茶、闽红工夫茶、六安瓜片、闽北水仙等，六大茶类名茶辈出，标志着传统茶学的成熟。

清代名茶辈出当然也与清朝皇帝，尤其是康雍乾三帝对茶的喜爱和推动是分不开的。康熙皇帝是清朝定都北京之后的第二个皇帝，和从白山黑水中走出的祖先不同，康熙拥有深厚的汉学和儒学修养，对文人雅好的茶并不陌生，据说太湖之滨的名茶"碧螺春"之名就是康熙御赐。他的继任者雍正是个勤勉的皇帝，一生勤于政务，每天只睡不到 4 个小时。然而在养心殿造办处的史料中经常看到雍正对茶器的改造。乾隆对茶的喜爱程度与前任相比有过之无不及，仅茶诗就写了 400 多首，这尚不包括带有茶字的诗。

清代贡茶的范围也远超前代，宋元时贡茶基本上来自北苑的皇家贡茶园，明代的贡茶以建茶为主，范围已不仅仅限于福建，而是扩大到浙江、南直隶、江西、湖广等更广大的地域。清初，贡茶仍延续了明代的传统，随着政局稳定以及版图的扩大，贡茶产区扩展到全国十三个省。我们今天熟悉的普洱茶也是从雍正时期开始正式成为贡茶的。雍正七年（1729 年）八月初六，云南巡抚沈廷正向朝廷进贡茶叶，其中包括大普茶二箱、中普茶二箱、小普茶二箱、普儿茶二箱、芽茶二箱、茶膏二箱、雨前普茶二匣，从此开始了普洱茶进贡的历史。在清宫，上至皇帝、皇太后、后妃，下至宫女、太监，无不啜饮普洱茶。普洱茶香气醇厚、茶膏黑如漆，醒酒第一，其中又以绿色为佳，能化痰、清胃生津，还有消食、散寒、解毒的功效。清人饮普洱茶喜欢把茶叶放在砂铫或铜壶里煮，再倒入盖碗里品饮，有时也会加奶同煮。不过，当时清宫饮用的普洱茶可能并不是我们今天的生普、熟普，而且当时还没有普洱茶越陈越香的意识，仍是觉得新贵陈贱，在这种认识下，皇帝饮用的都是当年新进贡的普洱茶，大量的陈茶会通过各种渠道处理掉，所以现存在故宫博物院的普洱茶最晚不过光绪年间，不超过150年。其他茶类也是如此，故宫博物院现存的各类茶叶最久远的都是光绪朝或宣统时期的藏品。

产于安徽的六安茶也是清朝贡茶中的大宗，而且经常供不应求。这是因为六安茶的药用价值被清宫看重。六安茶虽香气不如龙井、碧螺春，但它有明显的消滞去腻、清内热的功效。明代《续金陵琐事》中记载有用煎得浓浓的六安茶治病的故事。清宫延续前人的做法，以六安茶和药材配成仙药茶，《清宫医药与医事研究》中记述御医为宫里人看病时就经常用到仙药茶。据统计，清宫每年需用六安茶四百余袋。康熙三十七年（1698年），"六安州霍山县每年例解进贡六安芽茶三百袋"（按古衡制一斤十六两计，一袋为二十八两），康熙五十九年（1720年）增加一百袋，雍正十年（1732年）又增加二百袋，乾隆元年（1736年）达到了七百二十袋。后因霍山地方贡茶负担过重，百姓难以承受，乾隆六年（1741年），经内务府大臣奏议，决定以康熙五十九年的四百袋为准，不再复增。这个标准一直延续到清末。于是宫中就采取一些非重要场所酌量减半，或用普洱茶替补等办法来弥补六安茶的短缺。

清代，民间饮茶之风更为盛行。各地大街小巷茶馆兴隆，茶庄、茶号纷纷出现，如江浙一带的"翁隆盛""汪

左上图‖[清]如意形柄寿字纹铜东布壶 内蒙古博物院藏

左下图‖[清]赭漆描金人物纹茶叶盒 中国茶叶博物馆藏

右图‖[清光绪]贡茶 故宫博物院藏

裕泰"等百年老店都享誉一时。而在京城，最早开办茶庄的则是安徽人和福建人居多，如现在都还能见到的老字号"张一元""吴裕泰"，当初都是安徽歙县人开的。现知北京最早的森泰茶庄，也是安徽歙县人王子树在咸丰年间创建的。在清朝，贩茶俨然是门大生意。

宫廷、民间对茶叶的大量需求也需要茶农快速提高种茶技术及茶园管理水平，保证供应。唐宋时期茶树栽培多采用陆羽《茶经》中所说的"法如种瓜"，即茶籽直播法。这种方法也就是现在常说的有性繁殖。到了清朝中后期，茶树栽培则出现了突破性的技术革新，从单一的有性繁殖变为可以利用插枝、压条、嫁接等多种方式来繁殖茶树了。与唐宋相比，清代在茶园择地、中耕施肥、茶树更新等方面也都有较大的进步。

说到清朝对于茶文化的贡献，种植技术的创新算一个重要的贡献，这就不得不提到一本被很多人忽视的茶书——《种茶法》。前面介绍了不少历代的茶书，大部分以品鉴赏艺为主，兼顾一些茶树的种植和茶叶的制作。而刊于清光绪年间的《种茶法》是一部专门讲述种茶技术的专著。《种茶法》由著名农学家江志伊所著，他不仅写过《种茶法》，还写了《种竹法》《种蓝法》《种桑法》《饲蚕法》，可谓涉猎广泛。江志伊是安徽人，安徽也是著名的茶叶产区。江志伊的《种茶法》共十二个专题，系统介绍了适宜种茶的地形、土质，记录了茶籽采制与播种的时间以及良种的选择与贮藏，讲述了十几种害虫及灭虫的方法、传统采茶方法，甚至包括种茶利润的计算等。书中还用较大篇幅介绍了中国传统手工烘制的方法，而且专门介绍了"制拌花茶法""制莲花茶法"两种花茶的制法以及红茶的制作方法。江志伊还介绍了日本培养茶树的方法，特别介绍了日本"采浓茶法"和"采薄茶法"。在《烘制》一篇的附录中着重介绍了"西洋机器制茶法"与"日本制绿茶法"。在《烹煎》一篇中，他除了罗列烹煎的工序外，还专门介绍了西人饮茶法与日本点茶法，分析了西方诸国、日本与中国传统烹饮之法的异同和优劣。江志伊在第一篇《总论》中记述道，茶本是中国独擅之利，但由于种茶技术停滞不前，所产之茶日不敷用，故茶叶市场多被印度、锡兰等国占领。不得不说，这是一本具有全球视野的茶书。

早在明万历三十五年（1607 年），荷兰东印度公司的一艘商船装满了中国绿茶从澳门开往爪哇，这是历史上第一艘运送茶叶的欧洲商船。万历三十八年（1610年），这批中国茶叶到达欧洲，是中国茶叶正式输入欧洲的开始。17 世纪及 18 世纪前半叶，茶叶贸易成为荷兰东印度公司最主要的生意。崇祯十年（1637 年）一月二日荷兰东印度公司董事会在给巴达维亚总督的信上说："自从人们渐多饮用茶叶后，余等均望各船能多载中国及日本茶叶运到欧洲。"当时茶叶已经成为欧洲的正式商品。清雍正十二年（1734 年），经由荷兰东印度公司输入欧洲的茶叶多达 885567 磅，到了乾隆十五

年（1750年），这个数字增长了3倍多。英国东印度公司也直接从中国进口茶叶，1689年，第一船茶叶顺利运抵英国。18世纪初期，茶叶贸易主要集中在广州。清廷允许英、法商人在当地设立制茶工厂。道光十四年（1834年），英国从广州运出的商品，茶叶占据首位。1840年第一次鸦片战争迫使中国打开国门，其后的四五十年时间是清朝茶叶贸易发展的巅峰时期。

到了19世纪60年代，清代的茶叶出口占据了整个世界茶叶市场的90%。直到1849年，罗伯特·福琼将中国茶树盗取到了印度，改变了世界茶叶供应的格局，最终使得印度茶的出口量超过了中国茶。到了20世纪初，也就是江志伊写《种茶法》的时代，中国茶叶在整个世界市场上的份额一下跌到29%左右，不复往日荣光。

中国茶文化发展到清朝，虽然皇宫独享贡茶，但茶不再"小众"。随着全球化的进程，茶也不再是中国的事，而与世界范围更多人的生活息息相关。中国历代精工细作的茶在此时面临的是一个工业化的大时代，我们暂不讨论手工作坊式的精工细作和工业化生产孰优孰劣。在那个时代有像江志伊一样的人去反思该如何顺应时代的潮流，就如同在经历过工业化之后的我们再次考虑该如何回归传统工艺一样，任何时候，一杯茶所"倒映"的都是当下时代的风貌和茶人的思考。

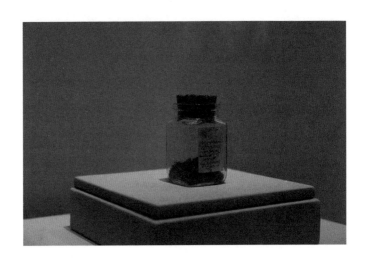

[清乾隆] 粉彩描金徽章纹单柄壶
故宫博物院藏

康雍乾，清宫茶器的"盛世"

　　清代饮茶方式和习惯虽然都沿袭明朝，似乎没什么创新，但并非没有可圈可点的地方。清宫拥有数十万件珍贵的陶器和瓷器，其中茶器占有相当大的比重。这些器具多是皇家专享，为了更合乎自己的审美和喜好，皇帝常积极参与设计再交由御窑厂烧制，其工艺之精良、技艺之高超代表了当时的最高水平。可以说，康熙、雍正、乾隆三朝是清宫茶器制造的盛世。

　　之前说到明代茶瓯尚白，尤其是明永乐一朝成功创烧出甜白釉白瓷，如同凭空生出一张"白纸"的制瓷技术为其后缤纷的彩瓷的出现做足了准备。康熙、雍正、乾隆三帝面对这张"白纸"尽情挥洒，虽因审美喜好不同，这三朝的茶器得以不同的面貌存世，却在材料、造型及装饰手法上都达到了极高的水平。从目前分藏于两岸故宫的清宫茶器中，可窥见这三位皇帝的品位及对茶器的重视。

　　受传教士的影响，康熙帝对西方的代数、几何、天文、历法、医学、宗教甚至是巴洛克音乐都抱有浓厚的兴趣。当西方传教士把画珐琅器带入宫廷后，便立即赢

得了这位皇帝的欢心。康熙三十二年（1693年），宫中成立了"珐琅作"，专门烧制珐琅器。康熙三十五年（1696年）又建"玻璃厂"，引进西方画珐琅的烧造技术，开始提炼珐琅彩料。经过多次尝试，终于在康熙晚年烧制成功。康熙喜欢在金、银、铜、瓷、紫砂、玻璃等胎质上制作珐琅彩器物。康熙将最本土的紫砂和西洋的珐琅工艺创造性地结合在一起，首开一器两地制作的先例，即由他亲自设计器物图样，再交由专人持图样前往宜兴等地烧制素坯。素坯烧好后，进呈皇宫，交宫廷造办处珐琅作御用工匠依据宫廷画师的画稿在素坯上画珐琅彩，再用小炉窑烧造而成。其中的精品，乾清宫端凝殿所藏的20件康熙朝宜兴胎画珐琅器可称为载入中国陶瓷史的瑰宝，代表了康熙朝在陶瓷艺术和工艺上的创新和成就。从这 20 件宜兴胎画珐琅器身上不仅可以看到西洋珐琅材料的灵活运用，还可以欣赏到唐宋以来画院绘制花卉的工笔写实技法，甚至有些专家认为清宫造办处珐琅作坊采用的画样源于恽寿平与蒋廷锡的没骨花卉画法。这 20 件传世瑰宝除一件小提梁壶被认为是文房水滴外，其余均是茶器，并被雍正、乾隆所珍视，代代相传，无一外流，其中的 19 件今天都收藏于台北故宫博物院。

宜兴胎画珐琅茶器在康熙朝晚期创烧成功，也在康熙朝成为绝唱。雍正朝虽然也制作御用的宜兴紫砂器，不过更喜欢简洁典雅的素胎紫砂，当然也烧制珐琅器，却喜欢把珐琅画在白瓷胎上。在台北故宫博物院收藏的 200 余件雍正朝的画珐琅瓷器中，茶器占了 1/5，多数是茶碗和茶盅。

雍正帝不仅勤于政务，设计御用茶器亦亲力亲为、乐此不疲，这在清宫档案中留下诸多记录。《清宫造办处各作成做活计清档·珐琅作》记载，雍正四年（1726年）十月二十日，郎中海望持出宜兴壶大小六把。奉旨：此壶款式甚好，照此款打造银壶几把，珐琅壶几把。其柿形壶的把子做圆些，嘴子放长。

雍正十年，太监交宜兴壶四件，外画洋花纹，雍正指出："此壶画的款式略蠢些，收小些做好样呈览……"由此可见，雍正时期，宫廷内打造各种御用的茶器，选料、图样、釉色、款式、造型等通常都由皇帝设计、钦定，造办处按照皇帝的指示进行改造。

雍正朝御用的茶壶造型多取自宫中所藏的素面宜兴壶样式。档案记载造办处人员将宜兴壶持出，照样做成木样请雍正御览核准，再交由年希尧送往景德镇御窑厂烧制成白瓷壶，烧成后再送到宫中施绘珐琅彩烧造。年希尧才华出众，他任内务府大臣时兼管景德镇窑务，精通数学、几何及西方透视学，在雍正七年（1729 年）著有《视学》一书，书中就绘制有茶壶的设计图，造型简约、比例准确。

从目前留存的雍正朝御用茶器可以看出雍正偏好简洁文雅的样式和图案，即使是同样的珐琅彩，也保有清淡高远的文人气质。尤其是雍正六年（1728 年），在怡亲王的监督下，研发出了 9 种新的颜色，加上原有色料，达到了 36 色，令雍正朝瓷胎画珐琅的画风有了明显的变化，更加清丽典雅。

雍正皇帝一向讲求器物的精美，据说他当皇帝之前，府邸内的一些器物比宫内的还要精致。登基之后更是有条件实现自己对器物的要求，常传旨造办处制造仿古或创新的器具。台北故宫博物院所藏雍正时期的玛瑙茶盅，用稀有的天然玛瑙制成，借助玛瑙天然的晕散纹理，如笔墨点水，玄墨流云。整个器型简约轻巧，色泽温润不夺目，线条流畅，造型端庄柔和，虽由人工细制却宛如天成，低调奢华，反映了雍正简洁不造作的器物美学。

文雅、秀气、端庄的皇家气息是雍正朝御用茶器给

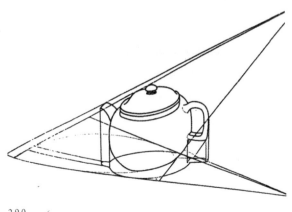

我们的整体印象。到了乾隆皇帝，画风就变得不太一样了。乾隆对于茶的热情远超康熙和雍正，如果说康熙和雍正爱茶饮茶多少有点"独乐乐"的感觉，那么乾隆爱茶大有"众乐乐"的意味，一生留下数量众多的茶诗和茶画，每年正月必举行重华宫茶宴。在茶器具上，乾隆也继承了康熙、雍正"事必躬亲"的遗风，从材料选择到图样绘制，再到加工烧造都要亲自过问。康熙偏爱宜兴紫砂，雍正爱白瓷，乾隆则无所不爱，陶瓷、玉器、金银等，都可以成为他制作茶器的材料。而且乾隆文思敏捷、惯纵诗情，一生爱翰墨丹青，集琴、诗、词、书、画、印诸多才情于一身，并把自己的诗情自信地书在喜欢的器物上，最直观的是那些数量惊人的御题诗茶器，已成为乾隆年间清宫茶器的一大特色。这些茶器上的御制诗多是乾隆品茗时即兴所作,如乾隆七年(1742年)夏至,乾隆一早到地坛祭拜之后,在返回圆明园途中下起了绵绵细雨,他索性着便装坐船,沿途观赏细雨霏霏中的西山风景,宛如置身于江南米家山水中。在如醉如画的景致中,乾隆一边饮茶一边写下了《雨中烹茶泛卧游书室有作》:

溪烟山雨相空濛,生衣独坐杨柳风。

竹炉茗碗泛清濑,米家书画将无同。

松风泻处生鱼眼,中泠三峡何须辨。

清香仙露沁诗脾,座间不觉芳堤转。

回到宫中,他令画工、瓷工将诗制于瓷壶、紫砂壶之上,乾隆款粉彩开光人物图茶壶即是其中一件。茶壶一面绘有"雨中烹茶图",画中以界画手法绘有亭榭,其间山石、芭蕉点缀,亭榭内有老者眺望远处的山峦树木,童子则在一旁烹茶。整幅画线条细腻,透视准确,难得一见。茶壶另一面开光内饰乾隆的这首《雨中烹茶泛卧游书室有作》,诗句末钤圆形篆文"乾"字、方形篆文"隆"字印章,是完整的一幅书法作品,整个茶壶壶身藕荷色地,以粉彩皮球花装饰,诗书画印俱妙。

在茶器上题写诗词,确实是一件颇具创意的雅事,

但如果要把茶器作为展示一件完整书法作品的载体却非常有难度，因为它不仅要完美体现墨迹细节，还要尽量保持书法的气韵，最后还要保证诗书画印的完整性，器、诗、书、画、印融为一体，不仅承载茶香，器物本身也为观者提供了多重的视觉享受，是值得细细玩味的艺术品。

清代康雍乾三朝在茶器创新上还有一个令人无法忽视的杰出贡献，那就是盖碗作为泡茶器和饮茶器的使用和流行。盖碗古已有之，1970年西安何家村唐代窖藏中出土的一只鎏金小簇花纹银盖碗是目前已知的最早的盖碗，但它并不是被当作茶器使用的，有可能是作为可防尘保温的食器来使用的，器形类似于倒扣的两只碗。宋人热衷斗茶，盖碗用于收纳磨好的茶末，可以说，清之前的绘画中也从未出现作为饮茶器和泡茶器的盖碗。目前学术界普遍认为用于喝茶的盖碗是在清康熙年间出现的，到了雍正、乾隆时期已非常流行。

盖碗的流行并不是没有原因的，而是饮茶方式变化到一定阶段的产物。明朝开始，以茶壶冲泡散茶的"瀹茶法"成为主流，那时的茶壶还不像今天会做出网孔、球形孔等以过滤茶叶，独孔的茶壶倒茶难免会有茶叶随着水流出，于是茶人创造性地给茶盅加上盖，既可防尘保温，又可以刮去漂在茶汤上的茶叶。慢慢又发现它可以替代茶壶"出茶"，可泡可喝，一器多用，化繁为简。康熙、雍正、乾隆都是盖碗的拥趸，这三朝均留有诸多琳琅满目的御制盖碗。

盖碗的器型并不是一开始就如我们今天常见的样子，它也有一个发展的过程。早期清宫的盖碗并没有底托，就如同一个碗加了一个盖子，而且盖口大于碗口，形成"天盖地式"的盖碗，保持了早期食器的特点，但这样的盖碗有个缺点，就是盖子容易滑落。于是，"地

左图 ‖ [清]乾隆款粉彩开光人物图茶壶　故宫博物院藏

右图 ‖ [清乾隆]描红御制《荷露烹茶》诗茶壶及茶碗台北故宫博物院藏

[清康熙]宜兴胎画珐琅五彩四季花盖碗　台北故宫博物院藏

包天式"的盖碗出现了，不仅盖子得到更好的保护，还可以用盖子刮去茶叶,实用性大大增强了。最后又在"地包天式"盖碗下加了一个底托，这样拿起盖碗喝茶就不会烫手了,如此,我们今天常见的"三才盖碗"初现雏形。

任何事物都具有两面性，盖碗的流行使泡茶饮茶更加简便，但从另一个角度也可认为是人们愿意花在一杯茶上的时间更短了，可以说是一种缺乏耐心的表现，也可以视作一种"精神"的丧失。

在清宫御制茶器上，我们看到康熙、雍正、乾隆三帝都交出了自己设计督造的"作品"，从中不仅可以看出康雍乾三帝的性格特点和审美喜好，而且这些"作品"也是那些默默无名的匠人集体智慧的结晶，代表着康雍乾三朝最高的工艺水平，是其后很长一段时间无法超越的高度。

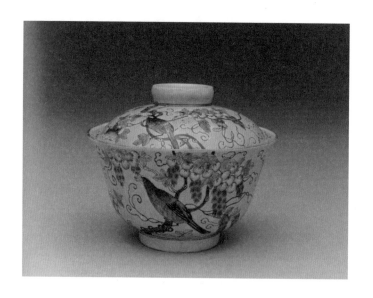

乾隆重华宫茶宴与三清茶

要说清代茶文化的发展，乾隆功不可没。迄今为止，在档案中留下建造茶室、制作茶器的具体记录，且有图为证的，唯有乾隆一人。另外，不论水平如何，毕竟他还留下了一千多首茶诗。他在 1751 年南巡归来后，陆续建造了十多处私人的茶舍茶寮，所用器具也多被《活计档》记录在案。

乾隆多次下江南，据说他不仅去了惠山寺品茶，更对明朝性海禅师创制的惠山竹炉特别青睐，回到京城后不仅命工匠仿制惠山竹炉，还建了一所"竹炉山房"茶舍，并绘制了《竹炉山房图》，如今，在故宫博物院仍收藏着乾隆仿制的惠山竹炉。

一个人在茶室喝茶当然算不上什么事，乾隆对清代

茶事的推动很大程度上得益于每年的重华宫茶宴。乾隆从登基第一年开始，每年的元月必择一吉日在重华宫开设茶宴，召集诸王、大学士、内廷翰林前来雅聚。最初，茶宴的人数并不固定，邀请的多是皇亲国戚和王公大臣，尤其以皇帝身边的词臣居多。从乾隆三十一年（1766年）开始，乾隆效仿唐太宗"十八学士登瀛洲"，将参加茶宴的人数固定为18人。人数有限，对于那些能够奉旨进入重华宫参加茶宴的人来说自然是一件非常荣耀的事。每年临近新春，朝中大臣就在期盼得到这份邀请，一旦得到赴宴的圣旨则无不欢欣鼓舞、奔走相告，相近的亲朋好友也会为此设宴庆贺一番。受邀参加重华宫茶宴对主客双方都意义非凡。

对于乾隆来说，重华宫绝非一般的场所，而是他登上皇帝宝座之前的旧邸。雍正五年（1727年），还只是四皇子的弘历奉父皇之命迁往当时的乾西二所居住。这一年，16岁的弘历大婚，婚后在此生活了8年直至登基。登基之后，乾隆将这里改建为重华宫。重华宫充满了所有他对家的美好回忆，其中有他青少年时期的梦想、对未来的憧憬。乾隆六十年（1795年）十月二十一日的一道谕旨如此说：

> ……设因重华宫系朕藩邸旧居，特为崇奉，势必扃闭清严，转使岁时锡庆之地，无复燕衎之乐，何如仍循其旧，俾世世子孙衍庆联情为吉祥福地之

为愈乎。现在，重华宫陈设大柜一对，乃孝贤皇后嘉礼时妆奁。其东首顶柜，朕尊藏皇祖所赐物件。西首顶柜之东，尊藏皇考所赐物件。其西，尊藏圣母皇太后所赐物件。两顶柜下所贮皆朕潜邸常用服物。后世子孙随时检视，手泽口泽存焉。用以笃慕永思、常怀继述……

从这份谕旨中不难读出重华宫在乾隆心中的特殊地位。他不仅希望重华宫的陈设和规制依旧制不要变，还在宫中收藏着妻子的嫁妆、父母给的物件以及自己年少时常穿的衣服和常用的物品。可以说，重华宫珍藏着乾隆满满的回忆，即使在登基之后他仍频频回到这里。许多极重要的私人宴会或是家庭式活动，乾隆都会选择在这里举行，比如每年新春的家庭宴会、茶宴等活动的地点都在重华宫。

重华宫茶宴虽然邀请的多是朝廷重臣，却是乾隆以私人身份邀请臣子来家联络感情的成分更多些。在重华宫设宴就好比今天上司不是在外面的餐厅请客而是请下属去家中吃饭。入重华宫参加茶宴的人必然都是皇帝特别信任和看重的大臣，要么身居要职，要么掌管着军政大事。除此之外还有一类人也在邀请之列，那就是文学修养极高、品位高雅的文人。

乾隆皇帝设置的重华宫茶宴与其他任何节令宴会都不同，用一个字形容就是"雅"。以风流自居的乾隆在新春伊始的茶宴上处处精心设计，希望能表现出自己不俗的品位。临近茶宴的日子，重华宫早早就开始布置，不同于传统节日的张灯结彩，重华宫茶宴的布置偏于简洁。宫内摆设除了紫檀桌椅就是各类茶器和文房用品，重华宫常用的茶器也很素雅，如宜兴窑御题诗梅树纹茶叶罐、清银大凸花茶筒、清银茶点盘、粉彩八宝纹盖碗、黄底粉彩丛竹纹盅、清雍正款玛瑙光素茶碗、桦木手提

茶具格等，每一件都极其精美，尽显低调的奢华。还有一点与其他宴会不同，重华宫茶宴上只提供贡茶和果品，不见酒肉。

　　既然是茶宴，茶当然是主角，茶宴上最常饮用的茶是乾隆独创的三清茶。所谓"三清茶"，是以梅花、松仁、佛手为原料，将宫中收集的雪水煮沸，冲泡龙井贡茶与这三样清雅之物而成。梅花傲雪，性情高洁，是花中君子；松仁洁白如玉，清香滋润，延年益寿；佛手气味清雅，谐音福寿，都是高雅吉祥的寓意。乾隆皇帝也对自己独创的"三清茶"非常得意，乾隆十一年（1746 年）秋天，乾隆巡游五台山，回京途中在定兴县遇到大雪。乾隆很高兴，令侍者采集雪水烹三清茶进献，饮茶后诗兴大发，写下著名的《三清茶》：

梅花色不妖，佛手香且洁。

松实味芳胰，三品殊清绝。

烹以折脚铛，沃之承筐雪。

火候辨鱼蟹，鼎烟迭生灭。

越瓯泼仙乳，毡庐适禅悦。

五蕴净大半，可悟不可说。

馥馥兜罗递，活活云浆澈。

倨佺遗可餐，林逋赏时别。

懒举赵州案，颇笑玉川谲。

寒宵听行漏，古月看悬玦。

软饱趁几余，敲吟兴无竭。

乾隆对自己写的这首《三清茶》颇为满意，吩咐景

德镇御窑厂茶工将这首诗写在御用的茶杯、茶碗、茶壶上。这也是为什么乾隆朝留下了数量可观的写有《三清茶》的各类茶具的缘由。清宫《陈设档》记载了许多茶具，其中不同材质、不同工艺的书有《三清茶》的茶器不在少数。重华宫茶宴必饮三清茶，饮三清茶必用三清茶碗。

三清茶的冲泡也非常有讲究，正如乾隆诗中所述，"武文火候斟酌间"。首先将龙井贡茶浸入沸腾的雪水，将佛手切成丝，投入宜兴紫砂壶中，雪水煮沸冲入壶中一半水量，稍停将松仁放入，冲入沸水至满。这时用银匙将梅花分到三清茶碗中，最后把泡好的贡茶、佛手、松仁冲入茶碗中。

三清茶备好了，第一碗当然要先敬献给皇帝。往往乾隆皇帝在品尝过三清茶后会即兴赋诗一首，内侍拿到皇帝御笔的诗，会高声传唱一番，再交由臣子们一一传阅。一般来说茶宴的规则是与宴的大臣们要用与御诗相通的韵脚联赓。大臣们一边品饮三清茶和果品，一边酝酿着诗句。对于才思敏捷、联出佳句的臣子们，乾隆都会有赏赐，有时是三清茶或三清茶碗，有时则是宫内收藏的古玩字画。

重华宫茶宴的盛况也被乾隆皇帝写进了诗文中，其在《正月五日重华宫茶宴廷臣及内廷翰林等》诗注之中写道：

中国人的茶事

　　每岁于重华宫延诸臣入，列座左厢。赐三清
茶及果，诗成传笺以进。　　·

　　在《重华宫三清茶联句》诗注中写道：

　　以三清名茶，因制瓷瓯书咏其上，每于雪后
烹茶用之。

　　作为茶宴的主人，乾隆的描述未免显得简单，与
会者的记录则详尽得多。雍正时期的状元彭启丰是位

风雅之士，尤其爱好品茶。乾隆非常欣赏他的才华，多次邀请他参加重华宫茶宴。彭启丰在诗文集《芝庭先生集》中记载了两次他参加重华宫茶宴的情况：

> 乾隆二十八年春，皇帝御重华宫，召廷臣二十人赐宴，臣启丰蒙恩与焉。有顷，御制律诗二章，即命臣等赓和。又特颁内府鉴藏名人画卷各一，臣启丰得《风雪杉松图》。

《风雪杉松图》是金代数一数二的才子李山的画作，是难得的金代传世佳作，现收藏在美国弗利尔美术馆。两年后，彭启丰再次奉旨参加重华宫茶宴，他记述道：

> 乾隆三十年孟春八日，赐宴于重华宫。大学士、内廷翰林凡二十有二人，命为雪象联句。上又即席赋诗二首，臣谨次韵和成。特赐臣以徐贲《送人之阆中》图卷。

徐贲是明代"吴中四杰"之一，也是明初的才子，善画山水。可见重华宫茶宴品茶、品诗，也品画，随意的赏赐也是不俗之物。

彭启丰是雍正时期的状元，联句自然难不倒他。但不是每个参加重华宫茶宴的大臣都是状元，能轻而易举地联出佳句，据说有一年的重华宫茶宴联句就把和珅难倒了。清《巧对录》引英煦斋师《笔记》记载，有一年初春乾隆举行重华宫茶宴，他率先品尝了第一道三清茶，伴着新春的茶香挥毫写下一首诗。当内侍传出御制诗时，大臣们却面面相觑，乾隆皇帝的诗用的是"嗟"韵。这个韵脚实在太刁钻，每位大臣都搜肠刮肚绞尽脑汁。军机大臣和珅也抓耳挠腮，和珅身为大学士，也不是没有才华，只是"嗟"韵太冷门，一时难以交稿。和珅没有办法，只好请旁边的同僚代作。旁边的大臣们自顾不暇，虽然不好推托，帮和珅也很勉强，几番代作都不能令和珅满意，他只好求助于最先交稿的尚书彭元瑞。和珅平日与彭尚书交情欠佳，此时也顾不上面子了，厚着脸皮将自己的诗句拿到彭元瑞面前请他指点一二，彭尚书看了一遍觉得诗写得还不错，就是最后两句不太雅，于是帮他改为"帝典王谟三日若，驺虞麟趾两吁嗟"。和珅看着彭尚书所改诗句甚为叹服，乾隆也对这两句大加赞赏。

乾隆在位 60 余年，只有几年出于各种原因未举行重华宫茶宴，如此一年一度的风流雅事只延续到道光年间，咸丰之后便荒废了，只有如今留下的数量可观的诗文联句、三清茶碗还记录着当时重华宫茶宴君臣相聚的盛世荣光。

京城的茶馆里藏着一个帝国的余晖

记得中学时,有两篇经常会被老师列为重点的课文,一篇是鲁迅先生的《药》,还有一篇是老舍先生的《茶馆》。这两篇现实主义文学作品都不约而同地提及了清末民初的茶馆,这并不偶然,我们一起来了解一下清朝茶馆的历史。

今天我们可能无法想象清朝北京的茶馆到底有多少。据《北京史》记载的数字,清末仅北京外城就有茶馆233家。《清末北京外城商户调查表》显示,光绪三十二年(1906年),今天的前门外大街、宣武门、广安门及崇文门一带就分布着67家茶馆。

要说北京茶馆的历史,必须先说说清朝的八旗制度。众所周知,满族的祖先长期生活的东北黑土地,这里虽然物产丰饶却不产茶叶,满语的"茶馆"是"cai puseli","cai"明显是直接来自汉字"茶"的发音。大清建国伊始,八旗就被视为国之根本,不可不厚养。为了让旗人专事武功,清朝皇帝为旗人设计了一系列的社会保障制度,并不遗余力地贯彻始终。从顺治元年(1644年)开始,清廷就下令免去了八旗除兵役之外的全部义

左图 ‖ 清末茶馆老照片

务，并给全体旗人发放口粮，让他们可以专心于弓马骑射。旗人不分男女老少都可以领到稳定的口粮，这一福利被称为"铁杆庄稼"。清朝定都北京之后，实行满人居内城、汉人居外城的政令。为了让远离故土的旗人在京城安心生活，清廷不仅给所有八旗官兵"分给地租"，而且以北京为中心，在方圆500里内大肆圈地，从顺治元年到康熙五年（1666年）的20多年时间里，就有近17万顷良田被强占。这些圈来的土地按照"计丁授田"的政策分给旗人。至于饷银、封赏、抚恤等无不优待。金德纯在《旗军志》中曾记载了一个普通旗人的生活：

　　平时赏赐优饫，制产：一壮丁予田三十亩，以

其所入为马刍菽之费；一兵有三壮丁，将不下十壮丁，大将则壮丁数十，连田数顷。故八旗将佐居家，皆弹筝击筑，衣文绣策肥，日从宾客子弟饮，虽一卒之享，皆兼人之奉。

清兵入关之后，当时的北京内城俨然成了一个大兵营。清廷不许旗人擅自离城 10 里或在外城过夜。为了让京城的八旗人心稳定，在北城内开设了官办茶馆，作为旗人平日里的休闲娱乐场所。普通旗人自娱自乐，编唱太平曲按次序献唱，以茶馆为票房，彼此互称票友，为日后的评书、相声提供了舞台。清代茶馆也因此在明朝茶馆的基础上嫁接了旗人文化，形成了风格独特的新态势。这些茶馆既然最初是为旗人提供服务的，那么自然带有八旗文化的深刻烙印。自 1644 年清朝入关定鼎北京之始，到 1928 年八旗制度终结，旗人社会存在了将近 300 年，对茶馆在内的京城文化影响深远。

八旗子弟的主要活动区域直接影响了茶馆的分布，内外城和郊外都有茶馆经营，在繁华的商业街区、生活区又相对集中，呈现出了"大分散，小聚集"的特点。茶馆与酒楼、饭馆、戏园甚至府衙比邻，又分布在各个胡同，深入居住区，可见茶馆在当时不仅是商务、社交之所，也是日常生活中不可缺少的场所，在功能上也就有了细分：有卖茶又卖酒兼卖花生米、开花豆的"茶酒馆"，有每日演两场评书的"书茶馆"，有专供各行生意人聚会的"清茶馆",还有开在郊外或古道旁或临名胜古迹的"野茶馆"等。

那种源自清初官办、主要为旗人提供服务的茶馆被称为"大茶馆",满语是"dasan i cai puseli",意思是"官办茶馆"。北京最有名的大茶馆号称"京城八大轩",分别为北新桥的天寿轩,前门大街的天全轩、天仁轩、天启轩,阜成门的天福轩、天德轩、天颐轩,而地安门外的天汇轩为最大,后毁于火。如崇璋《北京各行祖师调查记略》所载,大茶馆最醒目的标志是八旗军用的大铜壶。这种大铜壶不同于我们今天使用的铜壶,它可加热,又具有保温功能,又被称为"大搬壶"。这种铜壶原本是行军打仗时烧水的用具,形制与火锅内部的结构相似,壶底有夹层,夹层可以放入烧红的炭块,壶内有一条直

左图‖[清]紫铜茶壶 内蒙古博物院藏

右图‖清末北京妙峰山茶棚

中国人的茶事

上直下的烟道，方便炭的燃烧和取放。大茶馆相较其他茶馆比较讲究，烧水和炒菜使用不同的灶台，烧水专用老虎灶，水烧沸之后灌入铜壶，铜壶里提前放入烧红的炭，可以使水始终保持高温，方便伙计随时为客人添加热水。

什么茶是清朝茶馆里最受欢迎的呢？当然是花茶，取干燥的绿茶加鲜花熏制而成。旗人福格的《茶》一文中写道："今京师人又喜以兰蕙、茉莉、玫瑰薰袭成芬者，渐亦遍于海内；惟吴越专尚新茶，不嗜花薰，固是出产之地易得嫩叶耳。"京师不像吴越之地有得天独厚的优势，有足够的新鲜茶叶，所以倾向于制作容易保存的花茶。花茶中，茉莉花茶是最受老北京茶客们青睐的。"茶叶用茉莉花拌和而窖藏之，以取芳香者，谓之香片。"香片有大叶和小叶之分，小叶双薰在京师最受欢迎。在喜欢清饮的江南老茶客心中，花茶上不得台面，《清稗类钞》引《群芳谱》云："上好细茶，忌用花香，反夺真味。"就算在今天，喝茉莉花茶也几乎等同于说自己是"不会喝茶的北方人"。但香片解决了京师远离茶产区、茶叶运输和储存不易的问题，而且北京的水偏硬，难以出茶香，香片则有花香增味，所以备受欢迎。福格一定没读过赵希鹄或倪瓒的笔记，他认为花茶是"清代八旗子弟以花与茶结合创出的名堂"。虽然这一认识与历史不符，但确实因旗人对花茶的热情，花茶成为清朝北京茶馆的特色茶品，直到今天都是老北京人难以割舍的"心头好"。

当然，京师的茶馆不可能只卖一种茶，所售的茶叶是多种多样的。《京华春梦录》记载："都中茶肆……座客常满，促膝品茗，乐正未艾。茶叶则碧螺、龙井、武彝、香片，客有所命，弥不如欲。"除了花茶，南方各类名茶一应俱全。京师饮茶人稍讲究些的也会应四时之序，根据不同节气饮茶。春秋两季饮花茶，夏天喝绿茶，冬天喝红茶。旗人生活中以肉和奶为主，因此也偏好解腻消食的普洱、黑茶、红茶等。京城中也有不少南方来的官员及其家眷、商人、学子，他们习惯饮家乡茶，因此南方各类名茶在京城茶馆中也占据了一席之地。

中国人饮茶总要配些茶点，京城的大茶馆不仅卖茶，也兼卖各种满汉点心或蒸食。一些茶馆也会卖一些荤素熟食，甚至烧酒、黄酒，这些被称为"饭茶馆"。

饭茶馆据其经营范围又可分为三类：能制作满汉饽饽糕点的叫"红炉馆"；能制作艾窝窝、糖耳朵等小吃糕点的叫"窝窝馆"；既可提供荤素饭菜又可以由顾客自带食材代为加工的叫"二荤铺"。为了避开竞争，茶馆卖酒饭必须与酒楼做出差异化来。茶馆里的菜以平价的家常菜做主打，定位是"平价食堂"，吸引的主要客户是那些跟随外省官员进京公办的随行使役、参加科举会试的学子、中下层的外八旗旗兵、内务府包衣和苏拉等，这些人荷包里的银两有限，是茶馆里的常客。

到茶馆消费到底需要多少银子呢？清末旗人穆齐贤的《闲窗录梦》记录有道光中前期茶馆各类饮食的价格：散座区最常见的小叶双薰茉莉花茶十文，水钱十文，还可以分成两次冲泡；一个烧饼十一文，多买还可以更便宜。同样的茶、同样的烧饼到了雅座区价格至少上涨五倍，糕点酒饭则不止，不同的是喝茶必用细瓷和白净手巾。光绪年间，上述价格上涨了一倍。

清廷开办官办大茶馆的目的本来就不单是喝茶，茶馆的功能体现在方方面面。八旗社会内部等级森严，虽同为旗人也有贫富差距和地位差异。出身低微的旗人也很难迈进达官显贵之家，同理，皇亲国戚也不会轻易屈就走进下层包衣的家。如果双方有事相商，茶馆就提供了一个难得的可以平等交流的场所。按规矩，在大茶馆的前堂，无论是何种地位的旗人，都可以暂时放下贵贱门第之分，平起平坐。久而久之，一些邻里纠纷、鸡毛

蒜皮的家庭琐事,反倒会在茶馆里经由中间人说和解决。除了喝茶、吃饭和消遣娱乐,茶馆又兼有今天的居委会的调解功能。

茶馆做的是迎来送往的生意,有人的地方就有各种各样的消息。在光绪年以前,老百姓也没有什么渠道了解更多的信息,茶馆就是信息散播的中心。朝廷新颁布的方针决策会张榜公示,但当时识字的人少,即便识字也不一定清楚告示上晦涩的官腔表达的是什么。老百姓读不了却喜欢听人讲,那些消息灵通人士往茶馆里一坐,沏杯茶,话匣子一打开就是"新闻联播"。道光、咸丰年之后,官方告示上的新闻与事实不符的现象越来越多。

比如 1860 年英法联军打入北京城，带兵的胜保明明吃了败仗却捷报频传，咸丰皇帝避难承德非说是去热河"北狩"。看着是一副天下太平的样子，不久却发生了政变，一时间坊间流言四起，即使茶馆张贴着"勿论国事"的提醒也无济于事。在如此种种下，京城茶馆的功能绝不仅仅限于卖茶，而是综合性餐饮社交场所及带有社会服务功能的民间集会中心。

整个北京城茶馆行业的兴起源于八旗，同时茶馆也见证着八旗的腐化和清朝的落幕。乾隆朝平定准噶尔，国力达到极盛之时，也正是八旗从上至下丧失忧患意识的开始。旗人仰仗朝廷的优惠政策不思进取，拿着"铁杆庄稼"不惜寅吃卯粮，过着骄奢的生活。雍正即位后也曾对此深恶痛绝，出台过一些整顿旗务的举措，乾隆朝也对旧体制加以修订，然而这些只能算是改良，实则

未触及八旗制度的痼疾，成效甚微。乾隆晚年自称"十全老人"，写了一篇《御制古稀说》，如此说：

> 三代以上弗论矣，三代以下，为天子而寿登古稀者，才得六人，已见之近作矣。至乎得国之正，扩土之广，臣服之普，民庶之安，虽非大当，可谓小康。且前代所以亡国者，曰强藩，曰外患，曰权臣，曰外戚，曰女谒，曰宦寺，曰奸臣，曰佞幸，今皆无一仿佛者。

《御制古稀说》被学者普遍认为是乾隆丧失早年的精明理性而走向昏聩的标志。上行下效，对一个国家而言，从决策者到官民群体不思进取、沉溺享乐当然是危险的。有官职者无心坐班，清晨到官署点个卯，敷衍半日偷闲半日，偏偏清朝不许旗人随便离城 10 里，也不许在外城宿夜，茶馆就成为无所事事的旗人最热衷前往的场所，游手好闲的八旗子弟终日游荡其中。《清稗类钞》记载："八旗人士，虽官至三四品，亦厕身其间，并提鸟笼、曳长裙、就广坐，作茗憩，与困人走卒杂坐谈话，不以为忤也。然亦绝无权要中人之踪迹。"到了嘉庆、道光两朝，随着八旗人口持续膨胀，出现了大量的闲散旗人。1842 年第一次鸦片战争失败，随后又爆发了太平天国运动，旗人的"铁杆庄稼"也遇到了没有收成的稀罕事。咸丰一朝太平天国运动尚未平定又爆发了第二次鸦片战争，第一次战事只集中于东南沿海，并未殃及京城，第二次鸦片战争英法联军则直接打进了北京城，咸丰皇帝弃城而去，国家机器停转。当时一位没留下姓名的旗人在惊恐羞愤之下写下一首《十年都门竹枝词》，以难得的自省态度记录下八旗官兵的颓败：

> 提督军机迥不群，参谋帏幄立奇勋。
> 一朝闻警随銮去，避暑山庄听后文。

> 旗分八色守城垣，都统巡营到各门。
> 火药军装全不验，只叫将士莫多言。

> 远望城楼杀气攒，贼人盘踞各心寒。
> 读来告示无他意，句句英夷骂狗官。

> 古庙倾颓佛像残，夷人拆毁令心酸。
> 茫茫大劫神难避，真怪黎民泪不干。

之后，虽有以肃顺为首的进取图强、意图改革的满人权臣，也有如烟花一般短暂的洋务运动，然而始终不能一改清朝的颓势。京城的茶馆在同治、光绪两朝却进入了一段维持了30多年的畸形繁荣期，就在维新变法被慈禧扼杀的戊戌年，京城的大茶馆行业到达了最红火的顶峰，茶馆内依旧热闹，八旗子弟仍在其中喝茶闲谈、听书赌博、劝架说和、买卖人口……以庚子之变为转折点，大茶馆开始走了下坡路，在清朝的最后 10 年，北京城的社会风气和消费习惯都发生了变化：城内铺设了马路，架起了电线，安装了路灯，有了邮局和银行，西餐厅、照相馆出现，和现代化接轨的流行趋势冲击了大茶馆的生意。旗人社会两极分化，有钱的继续纸醉金迷，中下层的旗人则靠变卖家产度日。以旗人为主要客源的大茶馆和大清朝的国运一样江河日下。

紧跟着就是辛亥革命爆发，溥仪退位。茶馆里三类人比以往多了，一类是靠卖字为生的，另一类是捡漏收旧货的，还有一类是倒卖古董的，这三类人都与旗人家道中落相关。清朝灭亡仅 10 年，大批旗人就沦落为城市贫民，1927 年，全北京有大约 55000 名洋车夫，旗人占了 1/4。八旗社会彻底解体，大茶馆的经营者也不得不考虑转行或者改良，有些改为以卖茶品茶为主的"清茶馆"或者旅馆，开在新式学校旁边吸引学生和新派文人。即使经历经济的衰退和长期的战乱，到了 1949 年 9 月，据统计，北京还有 212 家茶庄，从业人员达到 1606 人。对于一个乱世中不产茶的北方城市来讲，这已是很惊人的数字了。

清朝时茶馆里的人如潮水般涌来又散去，茶客们见证了八旗的历史，见证了帝国的末日和走向共和。中国近代经历屈辱的时期也正是中国茶发展的"至暗时刻"。19 世纪末英国和日本打破和重建了茶叶国际贸易的规则，中国茶在国际上备受打击。中国的茶人意识到，中国茶叶的复兴必须依靠科学，并与全球工业化进程同步。战争结束之后，以吴觉农为首的先行者们开启了漫长的茶叶复兴之路。

从春秋战国的茶渣到清朝的茶馆，我们回顾了几千年的茶事，没有任何一次改朝换代能戒了这口茶。茶的敌人永远都不是时间。

［清］粉彩花卉图
提梁壶　故宫博物
院藏

海 外 篇

茶，带着家乡风土的温度被游子装进行囊，

也作为一种中国式的生活方式被学习和效仿。

最后伴随西方探险家不断延伸的视线，

茶的版图最终突破了大中华文化圈，

更深刻地影响了世界。

日本茶汤里的秘密

想了解日本文化，茶道是无论如何也绕不过去的。茶道，茶指的是茶汤（茶の湯），而道则表示一种可实践的方法。日语里的"茶の湯"和我们常说的水作用于茶之后得到的"茶汤"不同，它的概念更加宽泛，从茶器具、唐物、挂轴、花入、香盒到茶会和茶室等，包含了与茶相关的方方面面。而从"茶の湯"中孕育出的茶道俨然是一门综合文化，在其发展中孕育出独特的美学观点，深刻地影响着日本人的生活。

要讲述"茶の湯"如何孕育日本茶道，要从中国茶传入日本开始讲起。804年，即日本延历二十三年，日本僧人最澄作为遣唐使乘船来到唐朝寻求佛法，又从长安一路行进至浙江的天台山。次年，最澄返回日本。在他返回日本的船舱中，不仅装满了佛经和法器，还有茶树的种子。回国之后，最澄将这些茶种种在了比叡山的延历寺，这里至今仍保留着日本最古老的茶园：日吉茶园。比最澄晚两年归国的空海不仅带回了茶种，还带回了制茶的石臼和蒸、捣、焙等制茶技术。然而随后中原战乱，唐朝灭亡，日本的自然灾害和战争也接踵而至，由遣唐僧带回的饮茶文化随着中日两国交流的停滞而黯淡下去。这一时期属于日本茶道的"史前时代"。直到南宋时期，日本僧人荣西两次入宋寻求佛法，1191年，荣西禅师从中国回到东瀛，开始广布禅理，并教导民众"吃茶养生"。荣西将五脏和五味结合，提出肝喜酸、肺喜辛、脾喜甘、肾喜咸、心喜苦，而日本食物，多酸辛甘咸之味，却独缺苦味。他晚年所著的《吃茶养生记》被认为是日本第一部茶书。书中荣西如此推广中国的饮茶文化：

> 日本不食苦味，但大国（指中国）独吃茶，故心脏无病，亦长命也。我国多有瘦病人，是不吃茶之所致也。若人心神不快时，必可吃茶，调心脏，而除愈万病矣。

如此，茶因其"药用"，在日本民众中广泛传播，其"药效"也得到当时的最高权力者源实朝将军的认可。荣西从中国引入的是流行于宋朝的点茶法，亦是现在人们所熟知的日本抹茶的雏形。荣西禅师将从中国带回的茶树种子分种在长崎平户岛的富春园、九州岛背振山麓的肥前（今佐贺县），他还把茶籽送给京都近郊栂尾山高山寺的明惠上人。明惠上人将茶籽种在栂尾

[元] 茶洋窑酱釉茶盏　台北故宫博物院藏

山，随后又在城南的宇治栽种。宇治的土质非常适合茶树生长，于是这里所产的茶叶被称为"本茶"，其他产地的茶则被称为"非茶"。这之后，鉴别本茶和非茶成了日本贵族和武士们斗茶会的主要竞赛内容。除了鉴别本茶、非茶之外，茶器的展示和唐物的鉴赏也是茶会的一项重点。当时来自中国的精美茶器具被日本茶人们视为最珍贵的艺术品，也是许多人收藏的目标。

　　在日本室町时代，幕府将军也需要经常参加茶会等各种文化活动，这就要求将军们不仅要精通和歌、欣赏猿乐能，还要能鉴赏唐物、精通茶道。因此，将军身边就出现了类似于文化顾问或文化侍从的角色，这类人被称为"同朋众"。身为足利义政将军身边同朋的能阿弥是一位擅长茶道、和歌、唐物鉴赏，同时又精通水墨、立花、造园的全能型的艺术人才。他制定和改革了茶会的规则，并率先制定了书院茶室的装饰规则。在能阿弥的建议下，

日本京都银阁寺

书院造茶室中行茶程序、茶会铺陈均有规范。依托于新式茶室的风格，能阿弥将佛教饮茶的禅林清规与武家风格融合，开创了具有日本本土风格的"台子点茶法"。更为重要的是，他扫除了之前斗茶会的奢靡物欲之风，使茶会走向了清静典雅的风格。

如今矗立在京都著名的银阁寺旁的东求堂内的同仁斋是日本现存最早的书院造风格茶室。1467年应仁之乱爆发。1474年，身心疲惫的足利义政将军退位，隐居在京都郊外的东山别院，在他的朋相阿弥的设计下建造了银阁寺庭园，其中东求堂的同仁斋成为足利义政的书房与茶室。同仁斋的地面只铺设四叠半榻榻米，茶室里布置极为简单，不对称的储物架"违棚"、低矮的书桌，上面摆放着足利义政收藏的精美唐物——古玩、瓷器、字画等，这些被后世通称为"东山御物"，呈现了日本室町时代的审美倾向。

日本茶道从最初崇尚唐物，到后来以"侘寂"为美，这一变化归因于16世纪一批茶人的出现。

首先是村田珠光，据说他是将"茶"称"道"的第一人。村田珠光年少时在奈良的寺院为僧，据说因为"犯了不配为僧的不端行为"而被逐出寺院。30岁时，珠光在京都大德寺改奉禅宗。但是他在打坐时常常昏睡，难以持戒。苦恼的珠光向当地名医求助，医生诊断他心力较弱，开的药则是"茶汤"。珠光从栂尾山买了茶叶，自饮茶之后他嗜睡的毛病大为改观，从此与茶结缘，遍读中国茶书典籍，一生精研茶道。珠光还跟随能阿弥学习立花，向一休宗纯拜师参禅。

据说有一次，一休向珠光授茶，当珠光把茶碗端到嘴边正要喝时，一休突然用铁杖打翻了茶碗。珠光大为不解，从座位上站起来。这时，一休喝道："喝了！"珠光顿时明白了一休的意图，朗声对答："柳青花红。"一休对珠光充满机锋的

[南宋] 龙泉窑青瓷茶碗 "蚂蝗绊" 日本东京国立博物馆藏

应答颇为满意。显然，珠光由打翻的茶领悟到万物之本皆不变的道。也许，珠光开悟的那一刹那，是日本茶道史上最为重要的瞬间：茶人们从一碗茶汤中感受到一股力量向精神内在和心灵的方向涌动。饮茶从最初的贵族文化逐渐与平民生活融合，成为更注重精神的茶道。

受癫狂率真的一休宗纯影响，珠光以极其简单的方式行茶，将珍贵的唐物与日本简朴的茶器摆在一起。在写给弟子澄胤的《心之文》中，珠光建议模糊中国茶器和日本茶器之间的界限，并认为这是非常重要的，即和汉无界。这一理论给日本茶道的发展带来了更贴近生活的、更接近本源的美感。珠光喜欢幽静、质朴、古拙，他的茶道也被称为"侘茶"（わびちゃ）。珠光还进一步精简茶事程序，以体现人身平等的精神。主客平等，相互尊重，怀着感恩之心接受彼此的真心。珠光将茶室标准规格定为四叠半榻榻米，在局促的空间中，人们反倒可以敞开心扉促膝交流。在这样狭小的草庵中，诞生了影响后世的草庵茶，珠光也成为草庵茶的开山之祖。珠光还将一休宗纯传给他的圆悟禅师的墨迹挂在茶室最重要的位置——床之间。之前茶室多半放的是佛像，或是来自中国的花鸟画或山水画。在珠光之后，高僧大德的墨迹开始经常被挂在茶室中，供步入茶室的人参悟欣赏。

在珠光的带领下，日本茶道从对唐物的追求和身份的束缚中解脱出来，风格从形式化转为精神化，古拙、质朴与幽静的"侘寂"精神被带入其中。珠光提出的"云遮月之美""草屋系名驹""成为心之师，

[日本江户时代] 歌川国芳、歌川国贞、溪斋英泉《宝船图》 大英博物馆藏

莫以心为师"等经典理论也深刻影响了日本美学。

几乎与此同时，在今天大阪府中南部，城市堺市正在兴起。15—17世纪，这里是整个东亚地区最为全球化的城市之一。1469年日本应仁之乱之后，堺市取代兵库成为中日贸易的中转站，日益繁荣。此时的日本遣明船都由堺市出发，归来时也由堺市入港，各色"唐物"从这里进入日本，最终到达皇室和贵族的囊中。大航海时代开始，欧洲殖民者开始东进，以东南亚各个港口城市做据点进行贸易。此时日本人开始了和欧洲人的贸易，即日本历史上的"南蛮贸易"。此外，中日商人进行的走私贸易、日本内部贸易等也都以堺市为中心。此时的堺市处于多个大名势力的交界处，它不属于任何大名，而是由本地商人组织的政府管理，是当时东亚地区少有的自治城市。躲避战乱的艺术家、僧侣、俳优诗人、商人、欧洲传教士纷纷来到这里。堺市的店铺不仅聚集着来自中国的瓷器、茶器、书画、丝织品等，还有来自欧洲各地的"新奇物品"，这里成为全日本第一大物资集散地和最大的商埠，为整个日本积累了大量的财富。更重要的是，这里诞生了两位在日本历史上举足轻重的茶道大家。

其中一位是出身于皮货商人家庭的武野绍鸥。他随珠光的弟子十四屋宗悟学习茶道。据说他32岁时无意间看到了一幅名为《白鹭图》的中国画，从华丽的画面与素朴的装裱的搭配中体会到了美感，并感悟到珠光主张的"草屋系名驹"的茶道精神。这一典故在日本茶道史上非常有名，以至于坊间有了"不见白鹭之画非茶人"的说法。

武野绍鸥在堺市出生，在唐物鉴赏上表现出色并不令人意外，但绍鸥还精于茶器的制作和创新。许多看似与茶道无关的器具经由他的妙手，都成为茶道名器。从另一方面来看，这也说明绍鸥并不墨守成规。在当时，日本茶会多需要插花，一次茶会，天降大雪，绍鸥将插花用的水盘倒满水，映衬出雪景，并认为雪意已足，不需要插花了。

武野绍鸥继承了珠光"侘茶"的精神，在绍鸥的茶道世界中，书法、茶道具、插花等都是表达抽象的、难以表现的精神与意境的具体载体，他的表达总能引起人们的共鸣。绍鸥也更大胆地使用日本本土的器物作为茶器，甚至取材生活中的常见材料制作茶器。他认为"侘"不在于茶器的简陋寒酸，而在于包含其中的诚意和不求奢华之心，客人在使用这些茶器时也能感受到主人的诚意和谦逊。如果茶室之外盛开着鲜花，那便不需要再画蛇添足地插花，这也是一种"侘"。至此，日本茶道从思想性到艺术性、由物质性转为精神性的脉络更加清晰。经过能阿弥、村田珠光和武野绍鸥等茶人的不懈努力，日本茶道已然成形。虽然这一时期的日本茶道是否已形成流派至今还有争议，但人们仍将三人所开创的茶道分别称为"东山流""奈良流""堺流"。

武野绍鸥的茶道无疑是成就非凡的，然而他对日本茶道的最大贡献并不止于此，他培养出了一位杰出的弟子，被称为日本茶道集大成者的"茶圣"千利休。

千利休从小就浸润在堺市浓厚的文化氛围之中。他17岁时师从北向道陈，19岁时又在北向道陈的介绍下拜武野绍鸥为师。在武野绍鸥的教导下，千利休很快就体悟到"凋零残缺之美"背后的精神。一日，武野绍鸥让弟子们打扫茶室外面的庭院，可明明院子刚打扫过。千利休推门看见干干净净的庭院，立刻明白了老师的用意，于是走到一棵树前摇动树干，几片树叶翩然落在地上，武野绍鸥对此大加赞赏。千利休继承了村田珠光和武野绍鸥冷瘦枯寒的美学精神，并将"侘茶"的精神发扬光大。

1574 年，千利休第一次和织田信长在茶会中见面，此后作为织田信长的茶头开始参与织田信长的政治和军事事务。千利休在战争间歇或凯旋时频繁举办茶会。有了千利休的相助，织田信长借茶会广结盟友，扩张势力。1582 年，织田信长死于本能寺之变，之后，他的追随者丰臣秀吉继承了织田信长的衣钵，贯彻了织田信长将

[日本安土桃山时代] 天命铁茶釜
台北故宫博物院藏

奢侈铺张的茶会作为重要政治工具的做法。丰臣秀吉不仅统一了日本全境，也成为获准独立点茶的大名。在担任丰臣秀吉茶头时，千利休为其征战出谋划策，成为丰臣秀吉权力集团的核心人物。在金箔装饰的障壁画盛行的时代，深知"侘寂"才是生命本源的千利休设计过几处两叠半甚至一叠半榻榻米的极小茶室，追求极致的简单。千利休推崇小型的唐物茶入、高丽的茶碗还有禅僧的墨迹。

　　同时，他还积极寻找本土的工匠为他制作茶器具，最著名的有长次郎的乐烧、与次郎的茶釜等。独具慧眼的千利休也大胆创新，把当时渔民的鱼篓改良成花器，用随处可见的竹子做茶勺，用竹根做花器。在点茶添炭的礼法上，千利休主张"须知道茶之本，不过是烧水点茶"，即茶道的本质存在于日常生活之

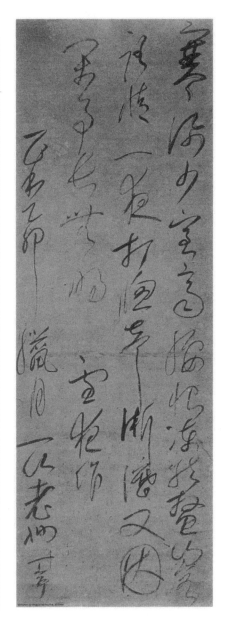

[元] 一山一宁禅师《雪夜作》　日本京都建仁寺藏

中。千利休一方面身处纷乱的权力旋涡之中，为将军大名举办各种为政治服务的茶会，另一方面不断在茶汤之中获得内心的宁静，在哲思中持续精进，终成一代茶圣。

千利休倡导的"和、敬、清、寂"是日本茶事中需要实践的"四规"，具体为以下"七则"：

1. 点茶要口感好。

2. 炭要能把水烧开。

3. 花要像在原野中盛开一样。

4. 准备茶事要冬暖夏凉。

5. 要守时。

6. 凡事要未雨绸缪。

7. 关怀同席的客人。

据说在千利休提出这"七则"之后有人觉得太过简单颇不以为意，而千利休的回答则是，"如果你能做到的话，就请你成为我的老师"。所谓大道至简，知易行难，"七则"中每一项的达成都需要长期的训练和心无旁骛的专注，最重要的和最难的则是保持初心。如同千利休弟子南坊宗启在千利休茶道思想

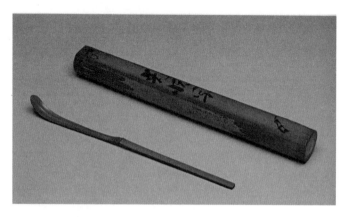

[日本桃山—江户时代] 竹茶则（传）古田织部作

汇编集《南方录》中所说：

> 草庵茶茶道，其至要者，乃是秉持佛法，进德修业，以求悟道。而住豪华家宅，吃珍奇美味，种种享受，所获愉悦，仅是世俗官能而已。其实住屋只求遮风挡雨，饮食只求果腹免饥。此实乃佛陀教示，亦茶道本意也。（所谓茶道，）汲水、采薪、点茶；先礼佛祖，次奉他人，最后自饮；插花，焚香，凡此种种，吾辈皆以佛陀先祖大德为效法对象。除此以外，自悟是不二法门。

1591 年，千利休被丰臣秀吉赐死，其原因众说纷纭，至今是个谜。千利休死后，门下的"利休七哲"继承了千利休茶道的精神。后续影响较大的主要有小堀远州的"远州

流"、一尾伊织的"三斋流"和织田有乐的"有乐流"。丰臣秀吉晚年赦免了千利休的家人，但千家后人已决心远离权力中心。千利休之孙千宗旦继续践行着和、敬、清、寂的"侘茶"，在他之后，千家一分为三，即三千家：拥有不审庵的表千家、拥有今日庵的里千家和拥有官休庵的武者小路千家。

在抹茶道日渐成熟、逐渐分成不同流派的 16 世纪，由明朝传入日本的煎茶道也得到长足的发展。明末清初的禅宗名僧隐元隆琦东渡日本后创立了黄檗宗，成为煎茶道的始祖。

和抹茶道不同，煎茶道冲泡的不再是茶叶的粉末而是一种经过揉捻的茶叶。冲泡的方法更接近瀹茶法。之后日本煎茶道的代表人物"卖茶翁"柴山元昭希望打破固化死板、等级分明的茶道风气，向往回归到

［日本江户时代］乾山款铁绘蔓草纹茶碗　台北故宫博物院藏

［日本明治时代］煎茶提篮茶器组　台北故宫博物院藏

由陆羽、卢仝等中国隐士们开辟的清新自然的茶风。因此，人们经常看到这位行事古怪的"卖茶翁"身着僧袍，提着装有茶具的竹篮在京都各处名胜当街售茶。他的行茶方式简洁，将壶中的水煮沸之后直接抓起一把茶叶投入沸水之中，顷刻间茶香四溢。"卖茶翁"卖茶从不定价，只请茶客随意在竹筒中扔几个铜板了事。"卖茶翁"遂成了安贫乐道、大隐隐于市、追求自由个性的象征。与安于狭小茶室中的抹茶道相比，煎茶道的追随者更愿意约二三知己，走入自然，或书画相酬或吟诗长啸，用甘洌的山泉煮茶，极尽风流。煎茶道的兴起也促进了日本岛内茶树种植业的发展，使得"玉露"成为市场上名贵的茶叶品种。

创立之初抨击抹茶道的煎茶道，在其发展中也吸收了抹茶道的经验，同时将遗世而独立的文人精神植入日本茶道之中，成为日本茶道中不可或缺的组成部分。无论是抹茶道还是煎茶道，日本各代茶人

日本宝历十三年（1763年）《卖茶翁偈语》卷头画像　大正十四年刊本　日本国立国会图书馆藏

在"茶の湯"中都寄予了人对这个世界的思考、人与人的平等、人与物之间的哀惜、人对自己精神世界的极致追求等丰富的内涵，也充盈着一期一会的无常与期盼，慢慢形成了自己的处世之道。

源于中国茶文化的日本茶道在它的发展过程中，经历不同时代，融合了禅宗、神道教、武士文化等多种文化而独立生长。从中国的江南到日本京都的宇治，"青山一道同云雨，明月何曾是两乡"。融入生活日常的中国茶文化也好，成为一种修行方式的日本茶道也罢，有人月下行路，有人月下咏诗，都是天上一轮而已。

2021 年北京里千家端午茶会（陈亚新先生提供）

华茶下南洋

要论中国本土以外的茶文化，东南亚尤其是马来西亚是不可忽略却又常常被忽略的一部分。大马文化多元，活泼泼的，充满了生气。那里有操着广东、闽南等地方言的华人，大马的华人都是语言天才，每个人都会好几种语言和方言。正是因为这些华人的存在，东南亚一直以来都是中国茶海外输出非常重要的市场。很多大马华人相信茶是明朝时郑和带来南洋的。事实真的如此吗？虽然南洋诸国早期的历史极少存在于本国的文字中，但不少中国文献表明，早在唐朝，茶就已经登上了这片土地。

671年，高僧义净由广州取道海路，经室利佛逝至印度，他在著作《南海寄归内法传》一书中写道：

[唐] 长沙窑碗　黑石号出水文物

若觉有冷，投椒姜、荜茇。若知是风，著胡葱、荆芥。医方明论曰：诸辛悉皆动风，唯干姜非也，加之亦佳。准调食日而作调息。谆饮冷水，余加药禁。……若患热者，即熟煎苦参汤，饮之为善，茗亦佳也。自离故国，向二十余年，但以此疗身，颇无他疾。

这段文字清晰地说明义净携带的行李中是有茶叶的，这算是中国茶进入东南亚、南亚最早的记载了。这里有必要介绍一下室利佛逝，这是一个今天人们不怎么熟悉的名称，但在7—14世纪，它是海上丝绸之路上鼎鼎大名的强国。在它的鼎盛时期，马来半岛和巽他群岛的大部分地区都在它的势力范围之内，控制着东西洋航线水道的要冲，与各国做着过境贸易。室利佛逝信奉的是大乘佛教，在8—10世纪是大乘佛教的主要传播中心，原因无怪乎义净要从这里取道前往印度。室利佛逝的官方语言是马来语，也正是由于室利佛逝的影响，马来语逐渐成为南洋群岛的通用语言，其影响力可见一斑。

1998年，德国人在印度尼西亚勿里洞岛海域发现了一艘中晚唐的沉船"黑石号"（Batu Hitam）。打捞出的长沙窑瓷器中有一个青釉褐绿彩瓷碗，碗中央内壁书写了三个字——"荼盏子"，明确了这个碗的用途。在晚唐时期，饮茶器是长沙窑所生产的瓷器中的大宗，尤其是瓷碗。目前研究发现，"黑石号"沉船出水的器物分属于不同地区及

[唐] 长沙窑青釉葵口碗　黑石号出水文物

不同时期，所以有专家猜测，该船的货物有可能是集中到某个港口后再一次性装运，而这个港口很有可能就是巨港，即当时室利佛逝的首都。同样地，发现于爪哇北岸100海里处的10世纪中后期（五代至北宋早期）的井里汶沉船中，也出水了相当数量的精美的越窑青瓷茶具。由此，我们不难推测，最迟在晚唐，中国的茶器已作为商品大量出现在了东南亚的一些港口，茶叶也许已经通过海路被部分东南亚地区的人们知晓。

两宋，继承了唐与东南亚诸国交好的遗风，并积极开展海外贸易。除了广州以外，又先后在杭州、明州（今浙江宁波）、泉州设置了8个市舶司。《宋会要辑稿·刑法》中有记载："国家置市舶司于泉、广，招徕岛夷，阜通货贿，彼之所阙者，丝、瓷、茗、醯之属，

金马伦高原上的茶室（翁锦辉先生提供）

皆所愿得。"另《建炎以来朝野杂记》云："（南宋绍兴）十二年六月……又诏私载建茶入海者斩。"说明宋代海上走私闽地建茶的情况已非常普遍，以至于朝廷不得不出重拳予以打击。1974 年，福建后渚港出土的宋代远洋船中也有装载茶叶的茶壶。正如不少国外学者认为的那样，在 12—13 世纪，中国人开始取代伊斯兰国家在东亚和东南亚的海上优势，大有控制东南亚市场的趋势，其中不少宋朝商人定居在如今的泰国、马来半岛等地，1279年忽必烈南下灭了南宋，闽粤沿海的百姓为了躲避战祸大批渡海到了

东南亚一带。随着宋人迁居，风靡两宋的饮茶之风也必跨海而行。

到了明代，永乐宣德年间，郑和先后 7 次率领船队下西洋，足迹遍及东南亚、阿拉伯半岛，并直抵非洲东海岸。随船的物资里茶叶是必不可少的。郑和船队长期漂流在海上，饮食不均衡不利健康，茶叶则起到了"药物"的作用。随员中，不少福建人本来就有饮茶的习惯，其中不少船员留在当地，也将饮茶文化和茶的种植方法一并传入。可以说，在大航海时代正式开启之前，许多在各国间往来的商人和旅行者第一次见到茶叶可能正是在南洋诸

国。诚如1610年葡萄牙旅行家所著的《波斯及和尔木斯岛皇族记》一书中所说："茶叶是从鞑靼国运来的一种植物的小叶，我在马六甲时曾经见过。"

16世纪初，欧洲人的到来令东亚、东南亚、南亚的局势发生了重大的变化，海上贸易的格局也随之改变。欧洲人越来越无法抵御茶叶的诱惑，茶叶便成为海上贸易中的主角，而在这一过程中，作为贸易中转站的东南亚发挥了重要的作用。1596年，荷兰人在爪哇的万丹设立堆栈，也就是临时寄存货物的地方。荷兰人在堆栈收集东方的货物并将其运往荷兰。1610年，荷兰人首次把茶叶从爪哇万丹转运至欧洲，拉开了欧洲茶叶贸易的序幕。1619年，荷兰人占领了印度尼西亚的雅加达，并将其改名为巴达维亚，

从此这里成为荷兰在亚洲的殖民统治中心，并在后来的中荷茶叶贸易中发挥了重要的作用。英国人后来居上，从中国进口的茶叶同样也是由出口东南亚的华茶转销的。可以说，从17世纪初开始，东南亚成为中国茶销往欧洲的主要渠道。

马六甲海峡在地理大发现航线上的位置至关重要，也就成为西方殖民者争夺的目标。马来西亚先后被葡萄牙、荷兰、英国占领，20世纪初完全沦为英国的殖民地。金马伦高原这个以发现它的英国探险家的名字命名的高原，海拔高、气候凉爽、风景优美，英国高官们争先在这里修建别墅，定居或度假。不久，英国人发现金马伦高原的气候非常适宜茶树的生长。1929年，当时的英国总督之子约翰·艾琪拔·路雪开始在

马来西亚金马伦高原茶园风光

这里种植茶树，孕育了如今在马来西亚家喻户晓的红茶品牌 BOH。

马来西亚的文化非常多元，受不同族群的影响，同样的英式红茶在印度人和华人手中焕发出不同的色彩和韵味。比如印度移民发明的"拉茶"，马来语叫"Teh Tarik"，其实就是红茶加奶，要同时加入炼奶和全脂淡奶。拉茶的标志性动作是"拉"，即拉茶师傅左右手各拿一个杯子，让茶在两个杯子中来回倒来倒去。据说此举是因为来马来西亚最早的印度移民多来自南印度，南印度天气炎热，茶冲泡出来后又很烫，于是就想出了这个方法让它迅速散热。后来大家发现"拉"茶还有一个好处，就是来回的撞击让茶和奶可以更好地融合，而且还会产生很多泡沫，茶喝起来就更加香滑了，于是这个习惯连同"拉茶"的名字延续至今。"拉茶"在 Mamak 档（Mamak Stall）里普遍能买到，Mamak 档是马来西亚的俗语，华人则喜欢叫它"嬷嬷档"，主要指印度裔回教徒开的路边摊，主要卖面包、煮面、饮料等，后来就泛指马来西亚的各色路边摊了。

华人 Kopitiam 的 Teh，基底同样是英式红茶。Kopitiam 是福建方言夹杂英语的"咖啡店"的谐音，

Teh 即马来语的"茶"，它的发音受厦门话影响，因为马来西亚最早的茶叶贸易由福建厦门进口。据马来西亚茶人许玉莲女士所述，很多下南洋的海南籍华人起先多在英籍以及西化的富有峇峇娘惹家庭做帮佣或者当厨师，最先接触到下午茶文化，一旦有能力创业，这些华人便利用自己的一技之长开始经营咖啡店或茶餐厅，卖面包、牛油云石蛋糕、瑞士卷、鸡排等食物，饮料则配咖啡或茶。

风格传统的华人 Kopitiam

虽然 Teh 来自中国，但在 Kopitiam 里，Teh 不再只是茶。列举一下大马菜单中经常会见到的与茶相关的饮料的常规叫法和配方：最常见的 Teh 是茶加炼乳和糖，如果要加冰块，则是 Teh Peng。Teh O 是指茶加糖但不加炼乳。Teh C 则是茶加淡奶加糖。在意身材的人士如果不想喝得太甜，则可以叫一杯 Teh Kosong，即免糖。

所有配方里不可或缺的灵魂就是 Teh，在大马，只要说 Teh 就是

嫲嫲档的印度拉茶

Kopitiam 里，老板娘在为客人泡茶

指红茶，而不会是其他任何茶类。"茶就是红茶"曾是英国人的共识，已深刻烙印在它所有的殖民地。那么如果你想喝一杯更地道的通常情况下只能是"中国茶"要怎么办呢？你可以这样告诉服务生：你要一杯唐茶（粤语），或是 Teh China（马来语）、Chinese Tea（英语），无论你是在华人餐厅、印度人的餐厅，还是马来人的餐厅，这三种任何之一都可以让你喝上"中国茶"，至于是哪种茶，则看店家有什么了，六堡茶、茉莉香片、水仙、焙火铁观音、普洱，有什么喝什么。

要论中国茶在南洋华人心中的地位，要从近代华人的移民史说起。19世纪中期，马来西亚丰富的锡矿资源被殖民者发现，同时，伴随着晚清的"国门"被西方的铁炮轰开，清廷被迫签订《北京条约》，允许西方国家在东南沿海招募工人。马来西亚迎来了多次华人移民潮，大量两广、福建的沿海华工进入南洋，随之而至的是家乡的茶叶和饮茶的乡俗。据统计，19世纪中期到20世纪初期，输出的华工超过了200万人。这些华工主要集中在加里曼丹、爪哇、苏门答腊等地的种植园，邦加、勿里洞、马来半岛的锡矿区，以及新加坡、槟城、雅加达等港口城市的开发区。这些华工到达南洋后，从事开矿、橡胶园种植等重体力劳动。在家乡他们就有着饮茶的习惯，到了异乡也竭力保持。学者陈烈甫所著的《东南亚洲的华侨、华人与华裔》一书记载，早期"下南洋"谋生的华人主要来自福建和两广。来自福建的华人主要饮用乌龙茶，来自两广的华人主要饮用六堡茶或普洱茶。这就形成了一个有趣的现象：东南亚当地的茶庄茶行必须同时具备这几种茶叶才能应付顾客的需要。其中有必要着重讲讲六堡茶。

东南亚的气候酷热潮湿，橡胶园的华工们顶着酷暑，开采锡矿的华工工作和生活的环境更为恶劣。朱寿朋所著的《光绪朝东华录》中描述了南洋锡矿华工的生存状态："邦加地方华人在锡矿工作，苦不可言。矿厂半在山洼，山水下流，厂主不设抽水机，华工日在水中。既患潮湿，又系枵腹，故染病最易，况天气炎热异常，时症不息，死者枕籍。"风湿、中暑、瘴气时刻

威胁着他们的生命，而来自广西梧州的六堡茶却能有效缓解这些症状。在锡矿恶劣的环境中，六堡茶不仅是他们思乡的慰藉，更是救命的良药。随着需求的增加，上规模的六堡茶贸易成为必然。20世纪中期之后，东南亚再次掀起了新一轮的锡矿开采高潮，六堡茶在马来西亚、印度尼西亚矿区的需求量再次被推高。20世纪70年代，马来西亚霹雳州有300多个锡矿场，有数万人在这里工作。为了降低矿工生病造成的误工，很多矿主每天都向矿场的工人们免费提供六堡茶，免费供应

19世纪30年代位于马来西亚吉隆坡的老锡矿旧照（李德志先生提供）

六堡茶甚至成为马来西亚锡矿主招收矿工们的广告内容。进入20世纪80年代，六堡茶在矿区的使用才渐告结束，但新马地区的六堡茶消费并未锐减。当时马来西亚这个市场六堡茶的年销量仍在500—600吨。随着东南亚华人阶层的壮大，六堡茶在华人聚居区里也就成为华人家庭和消费场所的常备茶，至今都是当地很多华人家庭的集体记忆。

行至今日，随着六堡茶的功效越来越被大家认可，当年被矿工们当成救命茶的六堡茶早已不是可以随便煮煮、酽酽喝上一碗的身价了，从大马回流的老六堡、老普洱都是如今茶界的"宠儿"，身价倍增。生于南洋的美食作家蔡澜先生曾说："一直喝太好的茶，就不能随街坐下来喝普通的茶，人生减少许多乐趣。茶是平民的饮品，我是平民，这一点，我一直没有忘记。"茶，有时候是拿来解渴，有时候是拿来忘忧，有时是为了思乡，有时是为了追溯自己血脉的源头。

中国茶的"西行漫记"

[清] 外销通草纸画《装茶》　中国茶叶博物馆藏

2021 年，网络社交平台 TikTok 上有一则播放量超过 100 万人次的视频引发了英美两国网友的热议。视频中，一位来自美国北卡罗来纳州如今住在英国的妈妈米歇尔和女儿分享了如何泡一杯英国茶。首先将茶杯放在自来水龙头下接半杯水，再把茶杯放在微波炉里加热，然后放奶、茶包和糖，搅拌，一杯英式茶制作完毕。这条视频发布后，英国网友纷纷留言表达不满，甚至直呼：这是犯罪！英国驻华盛顿大使卡伦·皮尔斯女士也觉得无法容忍，请英军拍了另一条演示如何泡一杯正宗的英式茶的视频。此举又引发了美国驻伦敦大使伍迪·约翰逊先生的不满，这位美国大使先生面无表情地录了个冲咖啡的视频作为回应，并直接点名卡伦·皮尔斯大使：这是一杯完美的咖啡。没想到美国大使等来的却是意大利大使馆的回应，说这只是一杯美式咖啡。媒体也纷纷跟进，英国《卫报》文章标题："美国女子线上的野蛮冲泡引发了跨大西洋的茶叶战争"。《每日电讯报》标题："如何制作英式茶，引发了一场外交风波"。其实，英国与美国因茶交恶是有历史渊源的，这还要从茶的原产地中国说起。

中国毫无疑问是茶叶的"母国"。欧洲有关茶的历史最早可追溯至 15 世纪的大航海时代。大航海带来的全球贸易，初衷就是寻找从西欧到亚洲的海洋航线，以带回东方的香料。在中国茶"西行"影响欧洲的过程中，在大航海时代中表现突出的欧洲国家都功不可没。最早以文字记录茶的欧洲人是威尼斯人和葡萄牙人。1545 年，威尼斯人拉莫修出版了其地理著作《航海记》，该书记录了他和波斯商人哈吉·穆罕默德的一次谈话。根据这位波斯商人回忆，大秦国人（秦在很长一段时间都是外邦认为的中国之名）喝一种名为茶的饮料，其治疗效果非常好。他还说，如果把茶介绍到波斯和欧洲，当地的商人都不会再销售大黄（当时欧亚大陆非常珍贵的药材），而改行经营茶叶了。

1586 年，葡萄牙旅行家佩德罗·特谢拉跟随商船开始了他的环球旅行，在游历了果阿、马六甲和波斯，并从印度经陆路到达意大利之后，他出版了《波斯王》一书。在书中他记录了中国茶在土耳其、阿拉伯半岛、波斯及叙利亚受到了当地人的欢迎，而且他也在马六甲见到过干枯的茶叶。

在大航海的时代背景下，1581

1655年荷兰东印度公司商船停在广州港

年荷兰从以航海为主的工业小国发展成为全球商业巨头，其标志是1602年荷兰东印度公司的成立。5年之后，这家公司的一艘商船将一船茶叶从澳门运往爪哇。这是历史上记载的第一艘运茶的欧洲商船。不久，觉得有利可图的荷兰人开始在日本九州西海岸的平户采购茶叶，次年这批茶叶运抵欧洲。

茶叶到达欧洲首先征服的是医生，茶叶最初被当成药品在药店销售，这点和中国人最初对茶的认识颇为相似。1657年，英国伦敦出现了第一家售卖茶的咖啡馆，咖啡馆海报上写着："快来喝茶，东方神奇饮品，治疗头疼、结石、水肿、失忆……"

从历史上看，茶被英国上流社会接受源于一段著名的婚姻。1662年，葡萄牙的布拉干萨·凯瑟琳公主远嫁英国国王查理二世。当时查理二世债务缠身，国王最期待的其实是公主的丰厚嫁妆。公主的陪嫁包括丹吉尔和孟买两座重镇，另加50万英镑。虽然最后这50万英镑并未兑现，取而代之的是糖、茶以及各种香料。联姻之后的凯瑟琳成为英格兰、苏格兰和爱尔兰至高无上、受人爱戴的王后，成为众人关注的焦点和谈资。人们争先效仿她的穿着打扮、使用的器具，也包括她饮茶的嗜好。凯瑟琳的到来，让饮茶之风迅速在英国皇室中传播开来。

1663 年，诗人艾德蒙·沃勒专门写了一首颂诗《饮茶王后》进呈：

英国最早出售茶叶的加勒韦咖啡店

Venus her Myrtle, Phoebus has his bays;
Tea both excels, which she vouchsafes to praise.
The best of Queens, and best of herbs, we owe
To that bold nation, which the way did show
To the fair region where the sun doth rise,
Whose rich productions we so justly prize.
The Muse's friend, tea does our fancy aid,
Repress those vapours which the head invade.
And keep the palace of the soul serene,
Fit on her birthday to salute the Queen.

花神宠秋色，嫦娥矜月桂。
月桂与秋色，美难与茶比。
一为后中英，一为群芳最。

物阜称东土，携来感勇士。

助我清明思，湛然祛烦累。

欣逢后诞辰，祝寿介以此。

除了凯瑟琳王后的身体力行之外，最值得一提的是她的嫁妆孟买。很长一段时间内，英国是从荷兰东印度公司购买茶叶，并学习有关茶叶的品评技术的。1668年，英国国王将孟买地区的军事、政治、经济权力全部交给了英属东印度公司。1684年，英国东印度公司开始尝试从中国直接进口茶叶。1689年，第一船茶叶顺利运抵英国。

到了18世纪，喝茶在英国已蔚然成风。当时许多英国文人钟情于茶，英国许多文学作品中也开始出现了与茶有关的内容。18世纪初上演的喜剧《茶迷贵妇人》就是

19世纪欧洲家族徽章银茶壶　中国茶叶博物馆藏

对当时饮茶风尚的生动写照。英国文坛泰斗塞缪尔·约翰逊说自己是"与茶为伴欢娱黄昏，与茶为伴抚慰良宵，与茶为伴迎接晨曦。典型顽固不化的茶鬼"。18世纪中叶茶叶为英国东印度公司创造了90%的利润，使其成为世界上最赚钱的公司。

虽然当时在英国，茶的价格比咖啡和可可都要高，但在18世纪30年代，茶的消费量却超过了咖啡与可可的总和。与包括英国在内的欧洲对中国茶叶的需求量越来越大相比，当时的中国对西方的产品却始终兴趣不高。19世纪前，中国一直享有着巨大的贸易顺差，嗜茶如命的英国人几乎耗尽国库财富，最终，让白银回流的任务落在了鸦片上。从19世纪开始，印度生产的鸦片让中国白银大量流失。后来就任首相的威廉·格

莱斯顿在日记中坦承："对于我的国家向中国实施的罪恶行为，我深为担忧，上帝会因此惩罚英格兰。"后面的事我们都知道了，1840年，中英爆发鸦片战争。中国在鸦片战争失利后门户被迫打开，中国茶叶生产和贸易濒临崩溃。然而英国此时茶叶消费却如日中天。

维多利亚时代的英国，人们习惯每天只吃早晚两顿正餐，晚餐通常要等到7点半之后才开始，在这期间，人们经常饥肠辘辘，对于不能在餐桌上表现得"太饥饿"的淑女来讲更是一种痛苦的煎熬。19世纪40年代，时常饥饿难忍的安娜·罗素公爵夫人要求每天下午在自己的卧室独自享用茶和糕点，慢慢地，这成了她的固定习惯。一开始，公爵夫人只在沃本修道院乡间别墅的卧房内独享下午茶，后来她开始邀请女性朋友们一起享用，这

清末茶号的女工正在分拣茶叶

清末上海港出口的外销茶

个习惯随着公爵夫人的社交慢慢推广开来。随后，下午茶的习惯被公爵夫人带到了伦敦，很快就改变了当时英国整个上流社会的生活方式，而公爵夫人也是当时维多利亚女王的密友，这使女王也成了下午茶的爱好者。英式下午茶中颇受欢迎的维多利亚海绵蛋糕（Victoria Sponge）正是以女王的名字命名的。享用下午茶的地点逐渐从女士的卧室搬到了客厅，形成了"低茶"（Low Tea）的饮茶习俗，即夫人们坐在客厅的扶手椅上，俯身享用低矮餐桌上的茶点。而所谓"高茶"则与"低茶"相对，是工

人家庭围坐在餐桌上饮茶的方式。随后，下午茶又渐渐转移到自家美丽的花园，男士们也加入进来，下午茶成为深受英国全民欢迎的社交方式。茶，亦成为英国的国饮。加入丝滑牛奶的红茶盛在来自中国的精美茶器中，散发出迷人的气息，喝一小口再吃一小块甜点，伴着周围的音乐声，每个人似乎都沉浸在大英帝国鼎盛的日不落时光里。

1849 年英国茶叶消费量为 4430 万磅，1871 年则达到了 13500 万磅。数据显示，1850 年到 1875 年左右，英国茶叶的消费量翻了两番。

约 1790 年英国仿广彩人物茶壶　中国园林博物馆藏

　　英国想在本土种植茶树，以获得成本低廉的茶叶是从茶文化在英国兴起之初就开始的。早在 1788 年，英国皇家协会会长约瑟夫·班克斯就建议英王把茶从中国引种到英国，并亲自撰写了介绍中国种茶方法的手册。但该建议因与荷兰东印度公司的贸易垄断权相抵触而被搁置。随着荷兰东印度公司的贸易垄断权被取消，英国开始尝试在印度殖民地种植茶树。1835 年，英国人戈登潜入中国南方地区，购买了大量中国茶籽运往加尔各答。当然光有茶种无济于事，戈登同时还聘请了四川雅安的制茶师赴印度教当地人种茶制茶。因此，最初流传到印度的并非半发酵的武夷茶的制作方法，而是炒青绿茶的制作方法。当年被戈登带回的中国茶种在加尔各答成功育出了 4 万余株茶苗，这些茶苗的绝大部分被移植到阿萨姆地区、喜马拉雅山麓，最终显示，喜马拉雅山麓的大吉岭是最适合中国茶树生长的沃土。1836 年，中国制茶师利用阿萨姆原生本土茶树嫩芽试做茶叶成功,虽然数量不多,却给后来者带来了前进的动力。

1848 年,一个名叫罗伯特·福琼的英国植物学家第二次来到中国,如今他的另一个身份更为人所知,那就是"植物猎人"。他在日记中透露了他此行的目的:给英国东印度公司设在印度西北部省份的种植园采集一些茶树和种子。他首先来到的是宁波,可能他觉得宁波的绿茶并不适合英国人的口味,于是没有选择在宁波采集茶树和种子,而是来到安徽的休宁,在那里采集了当地的茶籽和幼苗,并收集了绿茶的种植加工信息。随后他又南下,他的目的地是著名的红茶产区——位于闽北的武夷山,但福琼

乔治·莫兰德《饮茶的花园》

英国泰特美术馆藏

1898 年英国银茶壶　中国茶叶博物馆藏

当时并未清晰了解绿茶与红茶的不同是加工工艺带来的差别。在日记中他写道："但我还是得承认，如果能亲自去那红茶产区参观一趟，我会更满意一些。我不愿意带着这样的想法回欧洲，那就是，我不能完全保证，那些被我介绍到帝国设在印度西北诸邦的茶园里的茶树苗都确实来自中国最好的茶叶产区……"最终，福琼到达了武夷山的星村，当时他认为的红茶交易的大市场。在那里，他参观了茶园，采集到了400株茶树幼苗。达到目的后的福琼离开武夷山来到上海，陆续将采集到的茶树苗和种子发往印度。1850年的夏天，这些茶树苗和种子抵达加尔各答。福琼在日记中自豪地说："如今，喜马拉雅茶园可以夸口说，他们拥有的茶树树种许多都来自于中国第一流的茶叶茶区——也就是徽州的绿茶产区，以及武夷山的红茶产区。"在持续不断的猎集和偷运中，世界茶叶贸易的格局被逆转了。

在很长一段时间里，英式下午茶中不可缺少的茶和糖都属于价格不菲的奢侈品，也只有贵族和中产阶层家庭才可以消费得起。到了19世纪，英国的茶叶价格才下跌到普通人家也能接受的程度。其中，北美人民功不可没，当时那里还是英属殖民地。

早在17世纪中叶，荷兰人把茶叶带到他们的殖民地新阿姆斯特丹即今天的纽约时，茶就已经开始征服这片美洲"新大陆"了。18世纪20年代，按照当时的法律规定，北美各殖民地只能从英国进口茶叶。但事实上，进入北美殖民大陆的茶叶有七成都是通过走私进入的。1763年，经过七年战争后，英国接管了北美法属殖民地。英国政府认为这场战争是为殖民地的利益而战的，理应由殖民地为战争的支出买单。第二年，英国政府开始在当地征收印花税，之后更设立新的税种，规定北美殖民地进口某些商品时要征收关税。此举引起了殖民地民众的反抗，当地民众开始联合抵制英国商品。在所有商品中，茶叶是最重要的一项，成为众矢之的。人们通过报纸、传单等方式诅咒这一使人萎靡不振的东西。1769年春天，波士顿、纽约、费城等北美主要港口缔结了一项禁止进口协议，共同抵制英国政府的关税新政。1773年，英国议会通过法案，授权东印度公司向北美殖民地销售茶叶，茶税依旧保留。11月28日，装了114箱茶叶的"达特茅斯"号在离开伦敦九个星期后抵达波士顿。12月16日傍晚，一小群当地人冲向港口，高呼："让波士顿港今晚成为大茶壶！"他们登上货船，威逼海关人员上岸后，用斧子劈开装茶叶的箱子，将茶叶倒进了大海。瞬间，港口海面上浮满了茶叶。这就是著名的"波士顿倾茶事件"。事件发生后很快传遍了整个殖民地，人们只要发现茶叶就如数销毁。1775 年 4 月 19 日，莱克星顿的枪声震惊了世界，美国独立战争打响了。8 年后，英国正式承认美国独立，年轻的美国诞生了。

当英国永远失去了美洲殖民后，假冒茶叶和走私茶叶日渐猖獗。当时的英国首相威廉·皮特痛下决心，颁布了《茶与窗户法案》，将茶税从 119% 降至 12.5%，"饮茶风俗传到了联合王国最遥远的乡村，为生计发愁的人家也能喝上几杯热茶"（丹尼斯·福瑞斯特《英国人的茶》）。

英国有句谚语："当时钟敲四下时，世界上的一切瞬间为茶而停。"今天的人们在四点钟端起茶杯时，不知是否还会想起曾有那么一段时间因为人们的贪欲茶也曾卷入战争，也曾在战争中抚慰人心。"二战"时，英国的士兵在坦克内饮茶、在壕沟内饮茶、在敦刻尔克大撤退的救援船上饮茶，民众则坐在伦敦街头的废墟上饮茶……最终，还是他们赢了。

茶，是天地之精华，但茶是人做的，给人喝的。没有"人"，茶就是一片树叶。但我并不想讲一片树叶的故事，我关心的永远是"人"，把我所知道的与茶有关的每个人、一群人、一代人，他和他们为茶所做出的努力和付诸的情感告诉你们。在很多人眼里，茶事不过是小事一桩，然而这件小事如长河之一滴，反射的是一个个时代的光芒，映出的是一代又一代人的风貌，这就是我想写的"中国人的茶事"吧。

参考文献

1. 朱自振，沈冬梅，增勤编著．中国古代茶书集成 [M]．上海：上海文化出版社，2010.

2. 吴觉农．茶经述评 [M]．北京：中国农业出版社，2005.

3. 陈椽．茶业通史 [M]．北京：中国农业出版社，2008.

4. 梅维恒，郝也麟．茶的真实历史 [M]．高文海，译．北京：生活·读书·新知三联书店，2018.

5. 宋时磊．唐代茶史研究 [M]．北京：中国社会科学出版社，2017.

6. 胡耀飞．贡赐之间：茶与唐代的政治 [M]．成都：四川人民出版社，2019.

7. 沈冬梅．茶与宋代社会生活 [M]．北京：中国社会科学出版社，2015.

8. 蔡定益．香茗雅器：明代茶具与明代社会 [M]．北京：中国社会科学出版社，2019.

9. 马守仁．大明绝唱 [M]．郑州：中州古籍出版社，2020.

10. 蔡定益．香茗流芳：明代茶书研究 [M]．北京：中国社会科学出版社，2017.

11. 万秀锋，刘宝建，王慧，等．清代贡茶研究 [M]．北京：紫禁城出版社，2014.

12. 廖宝秀主编．芳茗远播：亚洲茶文化 [M]．台北：台北故宫博物院，2015.

13. 廖宝秀．历代茶器与茶事 [M]．北京：故宫出版社，2018.

14. 扬之水．栟榈楼集·两宋茶事 [M]．北京：人民美术出版社，2015.

15. 秋原．茶馆之殇 [M]．北京：新星出版社，2016.

16. 巫鸿．中国绘画中的"女性空间"[M]．北京：生活·读书·新知三联书店，2019.

17. 荣西禅师．吃茶记 [M]．施袁喜，译注．北京：作家出版社，2015.

18. 路国权，蒋建荣，王青，等．山东邹城邾国故城西岗墓地一号战国墓茶叶遗存分析 [J]．考古与文物，2021（5）：118—122.

19. 毛华松，尹子佩，李丝倩，等．茶艺变迁中的明代中晚期园林茶寮及其空间组织研究 [J]．景观设计，2020（1）：30—37.

20. 吴凯歌，丁以寿．明代茶画中品茗空间的意境浅析 [J]．茶叶通报，2019（4）:186—188.

21. 刘瑛．元代的茶法和茶叶生产 [J]．中国茶叶，2006（3）:42—44.

22. 裘孟荣．元代统治阶层的茶文化追溯 [J]．茶叶，2015，41（4）:218—220.

23. 角山荣.15—17世纪日本最大的贸易都市堺市的繁荣及其财富去向 [J]．曹建南，译．海交史研究，2005（2）:55—61.

24. 李靓．茶叶通过海路传入东南亚地区的历史梳理 [J]．农业考古，2019（2）:103—107.

25. 简·T.梅里特．茶叶里的全球贸易史，李小霞，译．中国科学技术出版社

后记

　　茶是天地的精华，是自然的产物，同时因为它在历史长河中深刻而广泛地参与了人们的生活，所以茶也是各个时代社会的记录者、历史的参与者。我想我们每个人也是如此吧。

　　回顾这本书的写作历程，从2019年底开始计划到2020年8月正式开始动笔，再到2022年的今天我写下这篇后记，这期间发生的疫情、战争等诸多不幸让世界每个国家甚至每个人都遭受了前所未有的挑战，我们正见证这个世界的巨大危机。除了写作期间心情难免受其影响、有些波澜起伏之外，我也不得不思考，我们与天地自然、与这个世界、与万物及他人的关系到底是怎样的，希望这本书也能带给您一些思考，或是像热茶一样的慰藉。

　　这本书的完成得益于一些朋友的倾力协助，请允许我在此表示由衷的谢意。首先要感谢为这本书辛苦付出的编辑老师晶晶和晓秋，她们的工作态度让我感动，也是我无法松懈的动力。另外还要感谢我的两位"博物馆有得聊"的合伙人廖钒女士和冯海啸先生，没有他们在历史和艺术方面的启发，没有我们一起去博物馆工作和生活的日常，也不会有这些我在博物馆里的观察和思考。还有我的茶友们，他们在茶桌上的一言一语都给我无尽的灵感，尤其感谢杨舒老师，带我走进茶的世界。最后还要感谢好友静文，她为我拍摄了书中大部分文物的图片。另有何慕杰先生、陈亚新先生、李德志先生、翁锦辉先生、卓衍豪先生、项冬艳女士等友人无私的帮助，在此一并感谢。

戴明华

2022 年 5 月

图书在版编目（CIP）数据

中国人的茶事 / 戴明华著. — 长沙 : 湖南人民出
版社, 2023.7
ISBN 978-7-5561-3069-6

Ⅰ.①中… Ⅱ.①戴… Ⅲ.①茶文化－中国 Ⅳ.
①TS971.21

中国版本图书馆CIP数据核字(2022)第176215号

本书中文简体版由北京行距文化传媒有限公司授权上海浦睿文化传播有限公司在中国
大陆地区（不含港澳台地区）独家出版发行。

中国人的茶事
ZHONGGUOREN DE CHASHI

戴明华　著

出 品 人	陈 垦	
出 品 方	中南出版传媒集团股份有限公司	
	上海浦睿文化传播有限公司	
	上海市静安区万航渡路888号15楼A室（200042）	
责任编辑	谭 乐	
装帧设计	张 苗	
责任印制	王 磊	
出版发行	湖南人民出版社	
	长沙市营盘东路3号（410005）	
网 址	www.hnppp.com	
经 销	湖南省新华书店	
印 刷	深圳市福圣印刷有限公司	

开本：880 mm×1230 mm　1/32　　印张：11.75　字数：210千字
版次：2023年7月第1版　　印次：2024年4月第3次印刷
书号：ISBN 978-7-5561-3069-6　　定价：96.00元

出 品 人：陈　垦
策 划 人：林晶晶
监　　制：余 西 于 欣
出版统筹：胡　萍
装帧设计：张　苗

欢迎出版合作，请邮件联系：insight@prshanghai.com
新浪微博 @浦睿文化